日本新建築 SHINKENCHIKU JAPAN 中文版 **31**

（日语版第 92 卷 1 号，2017 年 1 月号）

公共建筑的空间艺术

日本株式会社新建筑社编　肖辉等译

U0250833

主办单位：大连理工大学出版社
主　　编：范　悦（中）　四方裕（日）

编委会成员：
（按姓氏笔画排序）
中方编委：王　昀　吴耀东　陆　伟
　　　　　　茅晓东　钱　强　黄居正
　　　　　　魏立志
国际编委：吉田贤次（日）

出 版 人：金英伟
统　　筹：苗慧珠
责任编辑：邱　丰
封面设计：洪　烘
责任校对：寇思雨

印　　刷：深圳市福威智印刷有限公司
出版发行：大连理工大学出版社
地　　址：辽宁省大连市高新技术产
　　　　　　业园区软件园路 80 号
邮　　编：116023
编辑部电话：86-411-84709075
编辑部传真：86-411-84709035
发行部电话：86-411-84708842
发行部传真：86-411-84701466
邮购部电话：86-411-84708943
网　　址：dutp.dlut.edu.cn

定　　价：人民币 98.00 元

CONTENTS

日本新建筑 中文版 31

目录

MediaCorp Campus

设计 槙综合策划事务所
辅助设计 DP Architects
施工 Kajima–Tiong Seng Joint Venture
所在地 新加坡纬壹科技城
MEDIACORP CAMPUS
architects: MAKI AND ASSOCIATES IN ASSOCIATION WITH DP ARCHITECTS

西北侧俯瞰图。新加坡国营电视台Media Corp新址，用地面积15 000 m²，建筑面积12 600 m²。
建筑物坐落于这片三角形区域中，外墙使用不锈钢喷砂板。纬壹科技城地区的总体规划者是建筑师扎
哈·哈迪德，附近有新加坡国立大学、生物医药和ICT（信息、通信和技术三个英文单词的词头组合，
简称"ICT"）等相关机构

东侧视角，正对纬壹科技城园区。朝阳映射在建筑物外墙上。不锈钢制外墙随着天气变化和季节更迭呈现出不一样的景致。园区内有一栋3层建筑，剧场和内部观光区的入口均设于此

东北侧仰视图。通过组合技术，外墙被打造成高精度曲面结构。办公区的外延结构和剧场的特殊形态相结合构成了浮雕般的视觉效果*

西北侧夜景图。正前方是广播剧场。广播剧场坐落于星光大道和纬壹科技城大道的交会处，隔着透明的玻璃可看到大厅内部的景象。建筑物最高高度88 m

正前方为50级的大楼梯，左侧是剧场，右侧是播控中心，前方是通向总部办公室的楼梯

总平面图　比例尺1:50 000

1层·3层平面图　比例尺1:2500

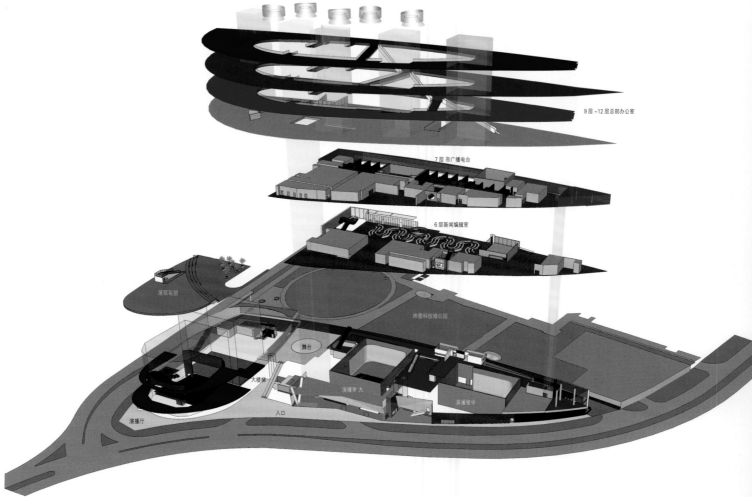

9层~12层总部办公室

7层 市广播电台

6层新闻编辑室

屋顶花园

纬壹科技城公园

舞台

演播室 大

演播室 中

大楼梯

入口

演播厅

建筑物整体结构图。上层为办公区，下层设有可以满足不同摄制需求的舞台，主楼外的分馆用作剧场

左：所在地南侧视角。建筑物尖锐的切面。右侧是纬壹科技城公园/右：纬壹科技城公园东北侧视角。建筑右侧是剧场

新场馆承担着媒体中心的职能

2011年5月，新加坡国营电视台MediaCorp计划将总部迁移至波那维斯达纬壹科技城地区，面向全球征集设计方案。本项目计划从众多方案中脱颖而出，被确定为正式方案。纬壹科技城由新加坡的知识导向型产业中心——生物医学研究开发产业园"启奥城"、通讯·理工产业园"时尚城"、新加坡首个数字媒体中心"媒体城"这三个次中心构成。纬壹科技城独特的规划让不同学科得以在此共同发展，使这里成为创新之所。

MediaCorp位于纬壹科技城的中心，将吸引更多的新加坡国内外同行进驻于此，促进媒体行业的发展。MediaCorp是新加坡的重要传媒集团，现由48个部门构成，设有马来西亚语、中文、泰米尔语、英文四个主要频道，为新加坡国民提供新闻、娱乐、教育等相关节目。MediaCorp员工数量超过3000人，继电视、广播、报纸、杂志等传统传媒方式之后，现致力于线上·手机端双向传播平台的运营。另外MediaCorp还囊括了剧场、电影院、大型活动承办、市场调查、媒体培训、传媒技术、IT等业务，是一家综合性传媒集团。MediaCorp的梦想是向全世界

提供有价值的思想，成为引领亚洲思潮的媒体机构。为此，MediaCorp不仅在新加坡境内进行了高品质电视的转换工作，还更新了与数字化时代相适应的硬件设施。在扎哈·哈迪德设计的纬壹科技城全景图上，狭长而连续的公园呈无规则的网状排列。项目用地为三角形，面积15 000 m²，长225 m，宽120 m。三角形在南侧方向有一个尖锐的角，其余部分圆润平滑。东侧与公园相接。公园设有公共停车场，停车场建在距离地面7.5 m的平台上。

项目设计包括一个可容纳1550人的剧场，兼设制片室和广播室的播控中心以及办公区，这三种不同的职能空间能够区分开来，互不干扰。这三大职能空间占据了地上12层和地下3层，共15层区域。独特的立体设计使其成为媒体城的大门。城市与公园的连接点，即公园的入口被称为视觉通廊。2015年，为纪念新加坡建国50周年，此处修建了50级的大楼梯。媒体城与公园相连，MediaCorp经常在公园举办一些公众活动。例如，MediaCorp主办的各种传播活动、音乐会、露天直播和社交活动等。正对公园的外墙与高品质电视系统相匹配，安装了新加坡最大的媒体墙。

观光区的入口媒体走廊处设置了咖啡厅、餐厅和礼品店，面向市民开放。剧场内通过展板、广播、电视、新闻等多种形式为访客提供独特的体验。MediaCorp并不将自己定位成单纯的媒体机构，而是希望成为振兴文化的新媒体，通过一系列设计使访客体会到媒体的魅力所在。

本项目的设计原则是创造易于理解、使人印象深刻的媒体建筑，展现出独特的个性。三个大空间组合而成的建筑，因观察角度不同而呈现不同的形态，仿佛建筑物本身会动一样，形成浮雕般的视觉效果。周边的风景和行人交织映射在采用研磨技术和不锈钢喷砂板的外墙上，时刻变化的外墙画面也仿佛是媒体设备一般。与之相对，在步行区设置透明的外墙，强调内外的视觉联系。

（龟本Gary）

（翻译：隋宛秦）

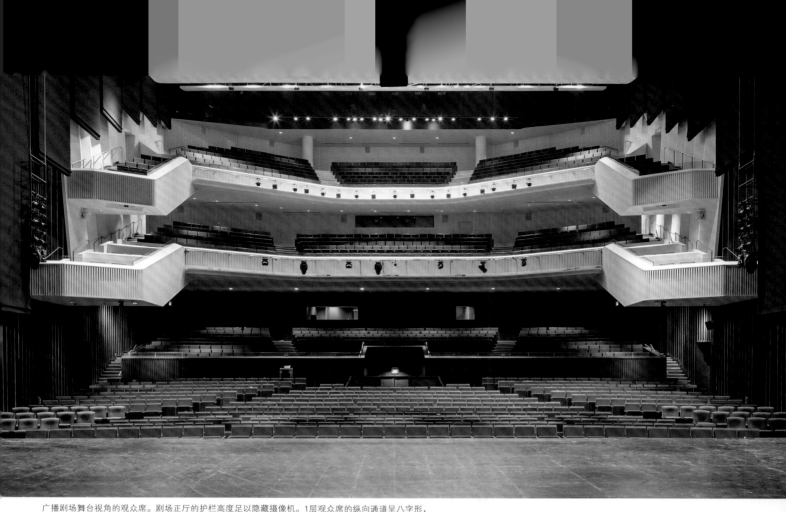

广播剧场舞台视角的观众席。剧场正厅的护栏高度足以隐藏摄像机。1层观众席的纵向通道呈八字形，这样从舞台的角度就不会看到通道，更加美观

广播剧场

　　剧场位于纬壹科技城大道和星光大道交会处的西角，演播设备齐全，剧场的正面是小广场。剧场可以满足音乐会、戏剧、演唱会、综艺节目和庆祝活动等多种用途的需要。观众席分为3层，一共可以容纳1550人。每年8月独立纪念日的首相演讲已确定在此举办，届时MediaCorp旗下的电视台和其他电视台均会进行直播。为了满足多种用途的需要，剧场的设计形式兼容了舞台塔、乐池和各种摄影设备。

（龟本Gary）

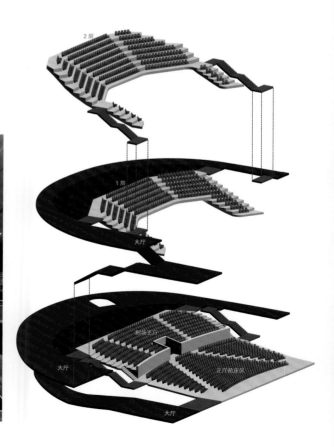

左上：2层大厅，右手边是商店。顶棚高度12 m/左下：广播剧场观众席。2 层剧场后方视角的舞台/右：为摄像机预留通道状的空间*

从位于7层的观光区可以看向2层呈挑空设计的新闻编辑室。以新闻编辑室为中心的挑空处右手边是播音室，可以实现信息共享

播控中心

　　播控中心的特点在于服务的快捷性。在设计上有效地将人与物的动线分离，并合理配置复杂的播控设施，另外全体播控人员要具备足够的能力，以灵活应对未来的技术革新。在东侧设置运材线，方便运送使用频率较高的设备。在西侧设置工作人员的出入口，实现人与物的动线分离。

　　公园处的观景台下方设有运材线，在能够直接触到运材线的位置上设置两个大工作室。播控中心上方的2层空间集新闻编辑室、新闻演播室和市广播电台的职能于一体，使动线简单化。媒体运营中心、后期制作中心和资料储存库是播控系统的重要职能得以发挥的关键，这三处位于播控中心大楼的中间位置，所有的设计都秉承了简单明快的原则。

（龟本Gary）

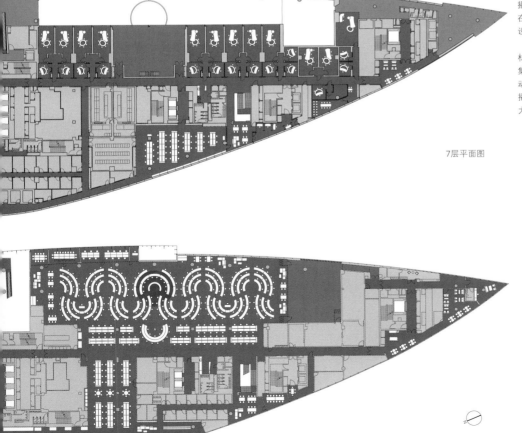

7层平面图

6层平面图　　比例尺1:1000

上：工作室（中）全景图/下：6层的新闻演播室1视角下的新闻编辑室*

总部办公室挑空南侧视角。与9层至12层区域以桥相连，桥长30 m

南侧挑空视角，将桥设计成交流的场所，在桥上设置沙发、高脚凳和桌子

用绿色植生墙和顶灯进行装饰，使挑空空间的色彩丰富

12层桥上视角。桥宽4 m。顶灯宽9 m，在桥上可以沐浴柔和的灯光

面对着挑空空间的工作区

右：屋顶花园北侧视角。从9层办公区下楼，来到位于8层的屋顶花园，此处可作为休息区，也可举办招待会和各类活动

设计：建筑：槙综合策划事务所
　　　辅助设计：DP Architects
　　　结构：Web Structures
　　　设备：Parsons Brinckerhoff
施工：Kajima-Tiong Seng Joint Venture
用地面积：15 061.80 m²
建筑面积：12 588.00 m²
使用面积：118 400.00 m²
层数：地下3层　地上12层　楼顶1层
结构：钢筋混凝土结构　部分为钢结构
　　　钢筋钢架混凝土结构
工期：2012年11月~2016年4月
摄影：日本新建筑社摄影部
* 摄影：Kajima Overseas Asia
（项目说明见第160页）

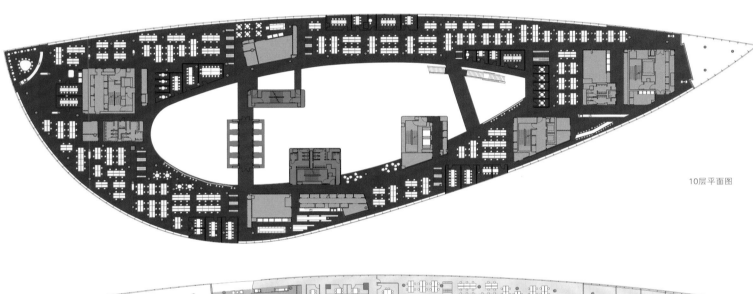

10层平面图

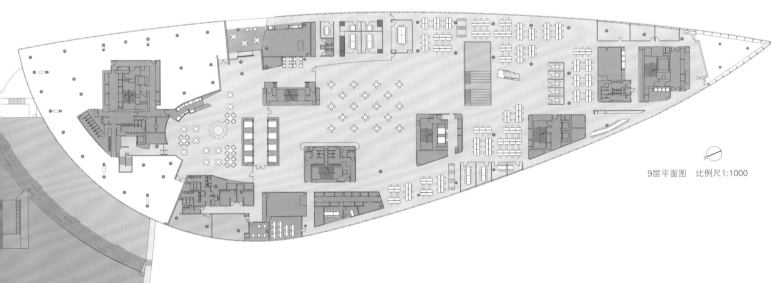

9层平面图　比例尺1:1000

魅力四射的总部办公室

　　MediaCorp的目标是成为引领业界潮流、开发新颖内容的创新型企业，达成此目标的重要一步就是创造一个魅力四射、充满活力的办公环境。总部办公室长200 m，由剧场上方以悬梁臂方式搭建的4个平台构成。将总部办公室设计成开放式办公空间，更有工作室的气氛。部门之间不设置隔断，办公桌也采用开放式设计。楼面板以RGB色彩模式（工业界的一种颜色标准）为主题，环绕中庭，形成MediaCorp宽阔的接待大厅。总部办公室整体色彩缤纷，营造出开放轻松的氛围，并配备休息区/咖啡厅、健身房、祈祷室以及能够眺望楼下公园的摩天台等便利设施。5个直径9 m的圆锥形顶灯营造出自然的光线效果，建筑物内部所有空间都由开放式楼梯和桥紧密相连，创造出便于交流的场所。

描绘新蓝图

采访：槇文彦 × 龟本Gary（槇综合策划事务所）

立足新加坡，推动全球化进程

——首先，能谈谈MediaCorp Campus项目的由来和建设背景吗？

槇文彦：我初次访问新加坡是在1959年，是1965年新加坡独立之前的事情。当时我正在环球旅行，旅行线路是先从东京到香港，再至新加坡、伊朗和叙利亚首都大马士革。我借这次旅行去新加坡拜访我在哈佛大学研究生院的同学，一位新加坡建筑师。那时新加坡的建筑结构是职住混合的形式，店铺和工厂的楼上就可以住人，绿化程度比现在高很多。我住在莱佛士酒店，面前就是海景。现在那片海域已经被填埋，酒店距离海边就远了。接下来是1972年APEC建筑师大会，参会人员中，我和长岛孝一先生来自日本，本次MediaCorp Campus项目的辅助设计方——DP Architects的创始人林伟而先生来自新加坡，另外还有来自印度的Charles M. Correa以及来自泰国的建筑师等。我有时会去新加坡与他们会面。

不过我初次在新加坡进行建筑工作是在那之后又过了很久，参与的是新加坡理工专科学校校园项目。这次的MediaCorp Campus项目是我在新加坡参与的第二个项目。新加坡国营电视台MediaCorp总部其实在2006年就曾计划迁址，我是当时新址的审查人员之一。但是当时选定的新址距离新加坡的中心街区很远，加之项目用地是一片尚未开发的地区，考虑到预算和工期等原因，计划中止。

龟本：2010年，原本是工业地域的纬壹科技城地区有了向智库中心转型的方案，MediaCorp总部决定迁址到此，设计方案的征集也由此开始。

槇文彦：我们接受了在新加坡理工专科学校校园项目期间进行辅助设计的DP Architects的邀请，参与了设计方案的投稿。在日本，我们曾经参与过朝日电视台项目，丹下健三先生主持设计过富士电视台总部大楼项目。日本建筑师参与设计电视台建筑的机会很多，也具备相应的经验，这一次我们被确定为设计者。

龟本：在这次的设计方案竞标中，我们的设计脱颖而出，得到人们的认可。在此基础上，电视台作为数千人聚集、不时举办各类活动的场所，商业存续性如何在建筑设计中体现出来，也是我们关注的焦点。

槇文彦：MediaCorp是新加坡唯一的国营电视台，除了电视，MediaCorp旗下还有广播和出版业务，也进行电影制作和数字媒体发布，是一家综合性的传媒集团，经营范围相比日本电视台更加广泛。另外MediaCorp旗下还拥有一个可以容纳1550名观众的剧场，剧场可用于新节目的发布等，具备举办国家级别大型活动的条件和资质。以往分散各处的MediaCorp各职能部门如今集中到一起。从前各部门各自分开，这种方式相对而言效率较低，不利于对新媒体的探索。现在多元素得以融合，相互刺激，相互碰撞，有趣的新媒体由此诞生。

龟本：我想说的另外一点是，MediaCorp这个企业的特殊性在于其还经营着一所学校——新加坡媒体专科学校。学生们有机会直接参与节目的制作。以激发创造力的新媒体为核心，建设一个能够吸引全球年轻人的地方，这也是我们作为设计者的使命。

槇文彦：为此我们想要营造出自由的工作环境。例如，MediaCorp9层~12层的办公区，我们认为2500名员工在一个大空间内办公会更好，于是就做出了中庭的大型挑空设计。摆脱了四面封闭的局促空间，在甜甜圈形状的曲线挑空设计中设计直来直去的线状楼梯，这就产生了视线上的重叠，营造出了非常独特的办公空间。

龟本：甜甜圈形状的曲线设计和巨大的中庭将平面和立体的断面紧紧相连，实现空间的分隔，便于针对具体用途对设计方案进行调整。永久的灵活性是MediaCorp日后发展的重要条件。

——距离您初次到访新加坡已有50多年，你感受到了这个国家的哪些变化？

槇文彦：新加坡的文化曾经是以华侨为主导的单一文化，新加坡人对自己有着鲜明的"大型华侨集合"的定位。第一任首相李光耀（1923~2015）将新加坡建设成了包括马来西亚人、印度人在内的统一国家，超越了华侨社区的框架，支持以教育、医疗、高新技术立国。他的目标能够实现是因为新加坡是一个规模较小的国家，在政治、经济、文化的中枢生活的人们之间的联系非常紧密，具有务实理智的国民意识，好的事物得以快速传播，迅速普及。比如，建设一流的医院，使全世界一流的医生都聚集而来，这里就体现了这种国民意识。新加坡具有城邦国家的特征，新加坡人想要建设新媒体的愿望很强烈，MediaCorp应运而生。

——城邦国家中建设城市，新加坡的OUB center和南洋理工学院就是出自丹下健三先生之手吧。

槇文彦：李光耀先生与丹下健三先生于1970年同时在香港大学被授予名誉博士学位，他们也因此结下了深厚的友情。这份友情在日后化作了几处重要的建筑。不过，今天的新加坡已经不会出现国家元首直接委托一名建筑师进行建筑设计的情况。现在的做法是面向全世界征集设计方案，选择建筑师，围绕着新的机能进行修建。在全球化的大潮下，已经无法断言法国的建筑就一定是由法国人设计的了。建筑的世界是相通的，从初期的现代主义建筑时代演变至今，可以说国家的界限已经日渐模糊了。

龟本：新加坡的文化注重平等与自由，设计内容交由建筑师全权负责，虽然是国家级的项目，但是并没有要求加入具有国家特色的元素。虽然这样也会有难以入手的一面，可是设计方案一旦敲定，中间的执行过程效率很高，完工迅速。这也是新加坡独特的一面。

商业持续性的提案

——项目所在地区的总体规划是由扎哈·哈迪德女士设计的，请问您对这个地区是怎样理解的呢？

龟本：纬壹科技城地区现在可以算是新加坡国立大学的大学城，但是这里曾经是一片工业地区。再开发计划为这片地区设立了三个主题，旨在将纬壹科

槇文彦先生（右）同龟本Gary先生接受采访的画面

技城开发成大型研究地区。这里最先建成的是以生物医药研究为中心的启奥城，日本、瑞士、美国等世界各国的制药公司都在此进行医药研究。与启奥城相邻的就是以ICT研究为中心的时尚城。时尚城是由黑川纪章先生设计修建的。随后以媒体为中心的媒体城也建成了。集生物医药、信息通信、媒体三大领域于一身的纬壹科技城又与新加坡国立大学相邻，地利、人和皆备。硬件层面极其完备的同时，纬壹科技城作为新加坡国家发展计划的一部分，吸引了大量的政府研究资金的投入。新加坡给人的印象是商业发达的海滨国家，如今在国家的南端建设起了这样一座新型研究城市，相信未来一定会有更大的发展。

槙文彦： 我们参与设计时，周边地区的规划已经成形，当时的项目用地可能无法满足客户的要求。

电视台这类建筑因为需要有工作室，加之制片的需要，更适合宽敞平坦的项目用地。但是因为本次的项目用地在市中心，面积有限，所以不得不设计成了垂直重叠的结构。客户将这种结构称之为垂直媒体城。不仅如此，在有限的空间中，如何铺设容留几千人的动线，这是一大难题。我们决定根据扎哈女士设计的曲线型用地特点，尽可能利用垂直空间，节省水平面积。

龟本： 在曲线型的用地上，设置方形工作室，并用曲线形的大厅环绕四周。

槙文彦： 我们的设计方案之所以得到人们的认可，不仅仅是因为外观层面，更因为这种设计高效地解决了电视台项目固有的需求。这也正是我先前谈到的商业持续性所要求的。

龟本： 电视台的核心是综艺节目、电视剧的大演播室和剧场。电视台全年实行三班倒的工作制度，倒班工作需要耗费员工大量的精力，企业的人力成本也很高。另外，工作室的员工若彼此间距较远，则不利于器材的搬动。我们曾经参与过朝日电视台项目的设计，也有改建地级电视台的经验，从各类设计方案中学到了很多。本次设计我们借鉴了之前的一些经验，希望能够设计出最理想的作品。项目用地从平面的角度来看是三角形，但是用地远离大街的一侧高出7.5 m。我们利用这一点，在高处设计了通道和服务动线，这样卡车可以直接开到舞台和工作室，外来入口也集中到了一处。普通的电视台大多有很多入口可以进入仓库，其周边很难做成开放性的区域。而我们的方案只设有一个外部入口，这样周边就可以建设成开放的空间。方案在初始阶段就已经有了大致的框架，客户认为我们的设计方案照顾到了电视台这一特殊建筑的需求，给予了很高的评价。

环球旅行路线和各地风景

1959 ———
1960 ———

1：伊朗 伊斯法罕

2：伊朗 伊斯法罕 夏巴大道

3：印度 昌迪加尔

5：印度 艾哈迈达巴德

4：印度 艾哈迈达巴德

6：中国 香港

7：希腊 雅典 帕纳辛奈科斯体育场

8：希腊 伊兹拉岛

9：黎巴嫩 巴勒贝克

10：新加坡 新加坡

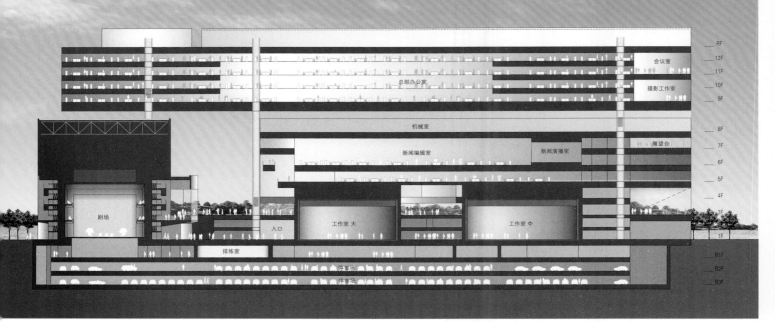

剖面图　比例尺 1:1200

集合了日本技术的施工程序

——项目施工方是鹿岛建设，不锈钢屏式管墙的施工方是YKK AP，都是日本企业。您能谈谈施工的过程吗？

龟本：2002年我们参与设计新加坡理工专科学校项目，因为是学校的教学楼，所以需要尽量降低成本。施工阶段我们进行多次调查，使用当地常见的材料和技术进行施工，但事实证明这种做法不论是材料上还是技术上都存在一定问题，无法满足设计方案的要求。电视台对于技术和设施有很高的要求，我们决定突破一切材料和施工上的地域障碍，选择最理想的材料和施工方法，于是我们最大程度地利用了日本的技术。2011年8月确定采用我的设计方案，同年11月举行了开工仪式，两个月之后也就是2012年1月开始进行对施工方的筛选。当时竞标的企业有20多家，召开听证会之后通过筛选的企业中只有一家是法国企业，其余全是日本企业。这是因为日本大承包商有丰富的电视台建筑相关经验。第二年6月，我们最终决定将施工委托给富士电视台总部大楼的施工方——鹿岛建设。日本的设计团队来到了新加坡，同音响、设备专家一起参与到项目中来。虽然不是Design-Build模式，但是在这次项目中，承包商的经验成为决定项目成败的重要因素。

——请问外墙为什么要使用不锈钢材料？

龟本：在征集设计方案时，我们提交的设计方案还只有外观和结构的设计，并没有明确外墙材料。入选之后，客户提出想要借助建筑形态展现媒体的特点这一想法。然而，任何建筑书籍上都找不到"媒体建筑的类型学"这种字样，于是我们就从媒体能够反映社会状况和周围环境这个角度入手，研究了很多材料的可行性。铝制材料无法满足对于外墙可以映射周围事物的要求。我们对不锈钢材料进行了长达半年的研究，最后决定外墙采用不锈钢材料。先经过特殊处理，使不锈钢表面变成镜面，再经喷砂处理，使反射面变得温和不刺眼。

槙文彦：外墙能够映射出光影的变化，反映周围的季候变化和一天之内的时间变化。4 World Trade Center（简称"4WTC"）项目中也做了类似的处理，外墙材料使用的是玻璃。本项目采用不锈钢材料，使建筑物的外墙景更加丰富。

龟本：在1984年的藤泽市秋叶台文化体育馆项目中，我们首次在日本本土使用北欧的技术——不锈钢熔接工法（以下简称"RT工法"），用不锈钢为屋顶表面进行特殊处理。这次项目的做法和设计与以往不同，又在外部装饰上投入了很多的精力，相关人员起初也有一定的担忧。我还记得在设计华盛顿大学圣路易斯分校Sam Fox视觉艺术学院项目时，槙文彦先生带我去参观了E.沙里宁先生的设计作品——圣路易斯拱门。那座拱门的形态是古典工程学的悬链线结构，不仅如此，设计师还在不锈钢钢板上覆盖了碳素钢板。这种设计的独特质感和绝

妙的光影效果给我留下了深刻的印象，我在这次项目的外墙上采用了类似的做法。

槙文彦：那个时候美国的技术处在顶尖水平。使电车在拱形管道中朝展望台行驶，这在当时是极为大胆的设想，最终凭借高超的技术得以实现。这些记忆和经验留存在我们的脑海中，可能会对这次的项目有帮助。对于外墙材料的选择，我们尝试过很多材料。阿加汗博物馆项目中我们选用了对光线非常敏感的纯白色花岗岩。我们花费了两年时间才在巴西找到了这种材料。我们仔细地思考过物体投影在其上的形态角度变化。印度的佛教博物馆项目，因为是铁诞生的地方，所以我们使用了大量的耐候钢。这些项目给了我们很多寻求各色材料的机会。

龟本：非常幸运的是，承担外墙施工工作的YKK AP在新加坡也有分公司，于是就委托他们承担了全部的外部装饰工作。这次的施工素材也十分新颖。如此大量的不锈钢全部从日本调配成本太高，YKK AP就尝试从世界各地调配。中国北京的郊区有一家生产不锈钢的企业，但是这家企业不专门生产不锈钢，而是生产电梯的外部装饰材料。这家企业生产的不锈钢收纳盒已经打入了日本市场，说明其打孔技术、切割技术和加工技术已经走在世界前列。我们同YKK AP一起参观这家公司的工厂，检查生产线，最后委托这家公司为我们生产材料。

——在施工的过程中有没有遇到难题？

龟本：首先是不锈钢的加工方法。将不锈钢打磨成

目前正在施工的项目

左二：比哈尔博物馆（印度）

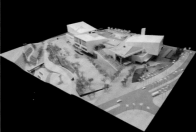

右二：深圳海上世界文化艺术中心
（中国）

本页图片提供：槇综合计划事务所

镜面非常简单，但是在这之后的喷砂工艺却很复杂，判断合适的喷砂程度很重要。另外，喷砂用的玻璃微珠接触到不锈钢就会碎裂，是一次性使用的产品，因此要尽量避免浪费。YKK AP的负责人一直在现场把关，进行合理管控。我们希望做出可以反射的表层，但是实际操作的时候如何将多个不锈钢板平滑地组合到一起，这也是难题。所幸这是YKK AP的强项。建筑物外墙看起来是一大块墙壁，但是实际上是由多个不锈钢板拼接而成的。钢板从马来西亚吉隆坡郊区的工厂运来，再经过喷砂和组合处理，精度非常高。

槇文彦： 模型我们也做了两次。

龟本： 我们制作了可以直接模拟装配过程的视觉模型以及对材料性能进行检查的效用模型。因为不锈钢很容易蹭上手印，所以靠近地面的部分使用玻璃和黑曜石，这也是由YKK AP来装配的。使用的石材产自中国，在大兴物产的协助下，经过了特殊处理，将石材打磨出不锈钢一般的质感。

槇文彦： YKK是拉链制造商起家，因此一直专注生产如何抻拉都不会损坏的产品，对材料的重视根植于他们的企业文化之中。我在施工过程中也感受到了这种企业文化。

龟本： 另一方面，从技术的角度来说，9层~12层的办公区和剧场的空间是分开的，支撑办公区空间的柱子不直接落在剧场内部。另外出于对外观的考虑，整个建筑分成三个部分，办公区的外延结构由悬臂支撑。这次我们采用同鹿岛建设共同开发的结构系统。这套系统使稳定的20 m悬臂设想变成现

实。

槇文彦： 鉴于这次项目的预算有限，时间也非常紧张，再加上还存在复杂的空间构造难点，最后工程能够顺利完工交付，离不开以鹿岛建设为代表的日本施工人员的努力，非常感谢。

——请问槇文彦先生，您如何看待这次在新加坡的经验呢？

槇文彦： 我觉得这种新型电视台将会是今后亚洲的趋势。目前亚洲国家对于新建建筑的需求日益多样化，得以完成这样的设计，我很高兴。对有着新需求的建筑进行设计，关键在于要针对建筑的用途和文化勾勒出新的蓝图。在这一点上，我在50多年前的环球旅行中见到的风景给予我很大的启发。当时在印度见到的人、树木、建筑合为一体的场景，虽然经过了50多年已然模糊不清，却体现在我在亚洲进行的设计当中。

（2016年12月6日于槇综合策划事务所。文字：日本新建筑社编辑部）

中国美术学院民艺博物馆

设计　隈研吾建筑都市设计事务所
施工　浙江省一建建筑
所在地　中国杭州
CHINA ACADEMY OF ARTS' FOLK ART MUSEUM
architects: KENGO KUMA & ASSOCIATES

建于中国美术学院校内的民艺博物馆。建筑用地位于山坡上，本是一片茶园。屋顶和外墙采用从当地居民家里收集来的古老瓦片，每个单元都有独立的屋顶，外观上营造出青瓦连绵的风景

北侧俯视图。可以看到绿树成荫的校园和教学楼建筑群。设计以平行四边形为基本单元，通过几何手法进行分割和聚合，处理错综复杂的地形。最上方的屋顶设有楼梯状的展望台，可以看到瓦屋顶如同被编织起来的景象

消隐于大地的建筑

中国的北京和杭州各有一所国立美术大学，我从杭州校区建筑系听说了这个非常有特色的校园计划。

博物馆的所在地是校园西边的坡地，原本是一片茶园。究竟如何使建筑与这片舒缓美丽的坡地合为一体呢？我最终提出的方案是依托坡地，织就一间间的平屋，形成一个小村庄。铺设瓦片的小屋顶有着中国特有的素朴色调，沿着起伏的坡地串联成群。为了使这片风景同博物馆和谐共存，以平行四边形为基本单元，通过几何手法进行分割和聚合。这种手法能够展现地形的微妙波动，瓦屋顶的形状也是平行四边形。这种手法最大的难点在于精度。中国的瓦片是简单的曲面，需要将其嵌入平行四边形，同时不使屋顶的边缘显得突兀。

中国民间烧制的传统土瓦，其规格和颜色各不相同，这种不均一恰好可以对应任何几何图形。将这种瓦用不锈钢丝固定，就可以调整屋内的采光。我也因此认识到了不均一的价值。我在计划中提出以平行四边形为基本单元、打造倾斜的博物馆的想法。提起倾斜的博物馆，最为人称道的当属赖特先生设计的古根海姆博物馆（1959年）。平行四边形的特点就是可以向任何一个方向延展，自由度很高。且相比长方形而言，平行四边形的对角线更长，这会为空间设计带来很大的自由度。平行四边形在建筑领域蕴含着巨大潜力。

（翻译：隋宛秦）

平面图　比例尺1:800

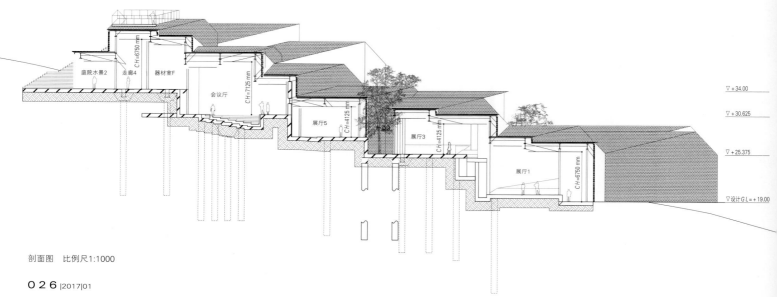

剖面图　比例尺1:1000

区域图 比例尺1:15 000

东侧视角。从前这里是一片茶园。在山坡上以瓦片聚合成三角形的外观，重重叠叠，错落有致

展厅1视角下的入口大厅1。沿着起伏的坡地微微倾斜的展厅，墙壁表面覆盖金属网

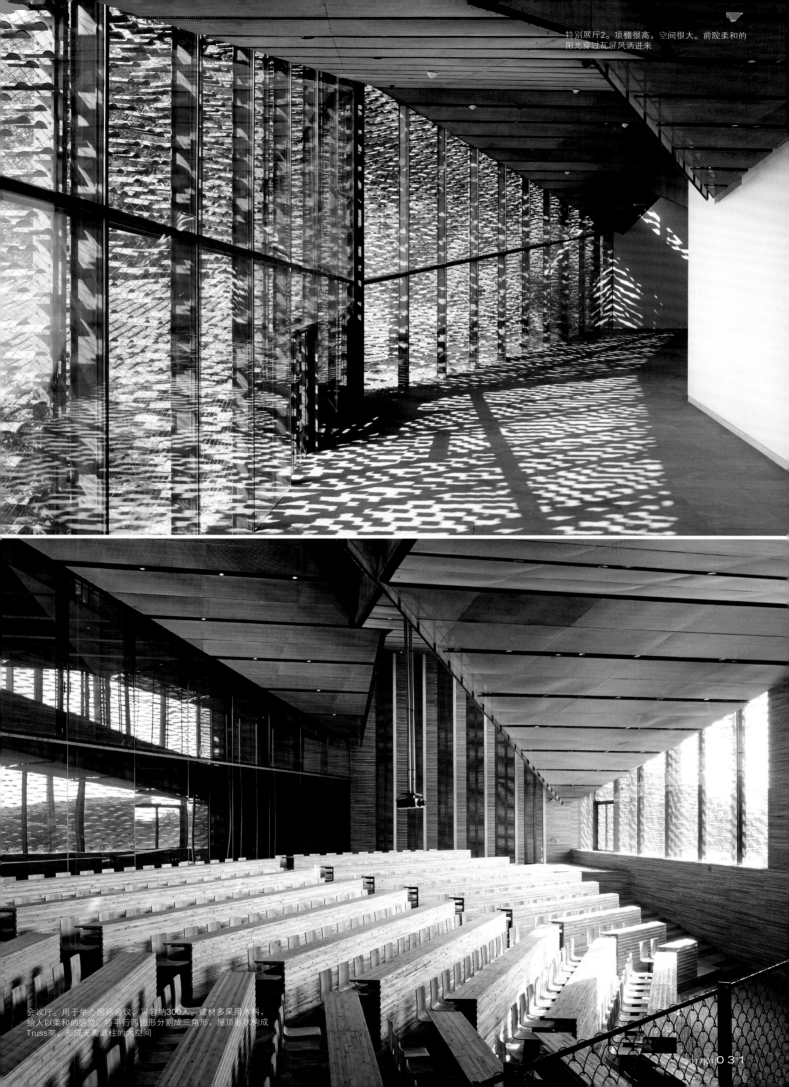

特别展厅2。顶棚很高，空间很大。前院柔和的
阳光穿过瓦屏风洒进来

会议厅。用于举办国际会议，可容纳300人。建材多采用木料，
给人以柔和的感觉。将平行四边形分割成三角形，屋顶形状构成
Truss架，形成无需廊柱的大空间

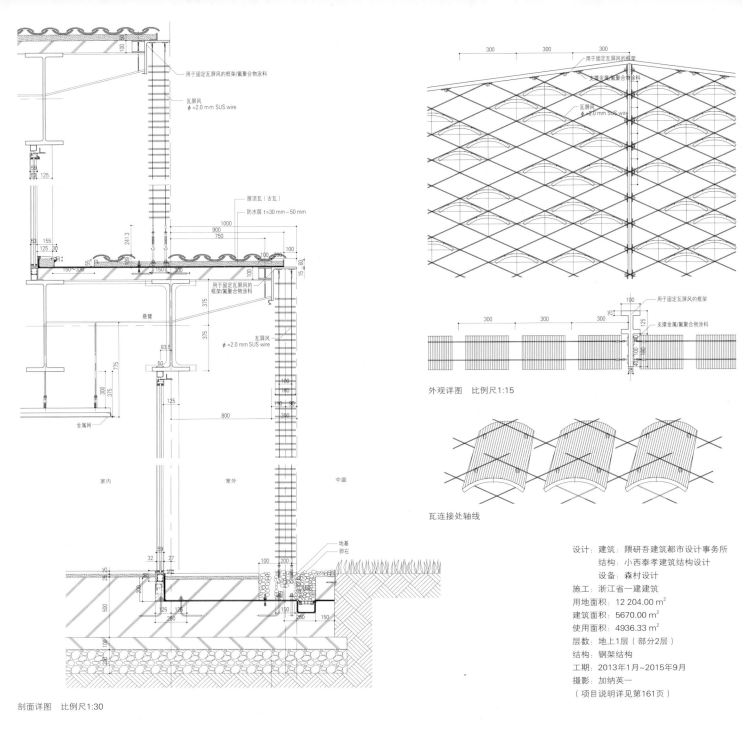

用于固定瓦屏风的框架/氟聚合物涂料

瓦屏风
$\phi = 2.0$ mm SUS wire

屋顶瓦（古瓦）
防水层 $t = 30$ mm~50 mm

用于固定瓦屏风的框架/氟聚合物涂料

悬臂

瓦屏风
$\phi = 2.0$ mm SUS wire

金属网

室内　室外　中庭

地基
卵石

剖面详图　比例尺1:30

用于固定瓦屏风的框架
支撑金属/氟聚合物涂料

瓦屏风
$\phi = 2.0$ mm SUS wire

用于固定瓦屏风的框架
支撑金属/氟聚合物涂料

外观详图　比例尺1:15

瓦连接处轴线

设计：建筑：隈研吾建筑都市设计事务所
　　　结构：小西泰孝建筑结构设计
　　　设备：森村设计
施工：浙江省一建建筑
用地面积：12 204.00 m²
建筑面积：5670.00 m²
使用面积：4936.33 m²
层数：地上1层（部分2层）
结构：钢架结构
工期：2013年1月~2015年9月
摄影：加纳英一
（项目说明详见第161页）

3根柱子结构

在24 m×8 m的平面网格上，将屋顶分割成一个个三角形，这些三角形沿着起伏的山坡铺展开来，形成连续的1层钢架结构。每单元由柱、大梁、小梁组成。反复利用三角形平面设计，实现零件的均一化与结合部位细节上的统一。各单元同邻接单元紧密相连，共用一根柱子。屋顶整体构成Truss架，保证屋顶的一体化。这种单元由稳定的结构体构成，各个单元相互累积的结构系统提高了建筑计划的自由度。对于日本国外的项目来说，这种结构系统清晰易懂，当地的结构工程师和钢架制作者很容易理解设计者的结构设计意图。

（小西泰孝）

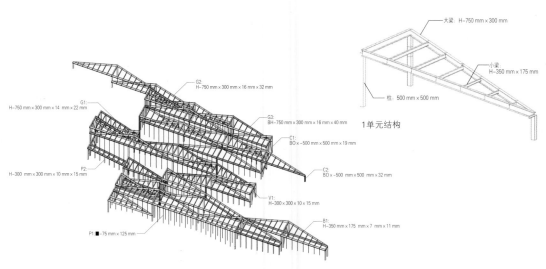

G2:
H−750 mm × 300 mm × 16 mm × 32 mm

G1:
H−750 mm × 300 mm × 14 mm × 22 mm

G3:
BH−750 mm × 300 mm × 16 mm × 40 mm

C1:
BO−500 mm × 500 mm × 19 mm

P2:
H−300 mm × 300 mm × 10 mm × 15 mm

C2:
BO−500 mm × 500 mm × 32 mm

V1:
H−300 × 300 × 10 × 15 mm

P1:■−75 mm × 125 mm

B1:
H−350 mm × 175 mm × 7 mm × 11 mm

结构轴线图

大梁：H−750 mm × 300 mm

小梁：
H−350 mm × 175 mm

柱：500 mm × 500 mm

1单元结构

瓦屏风是用倾斜的不锈钢线将瓦片吊起来组合而成的，给人浮在空中的感觉。这种瓦屏风可以控制屋内光线的明暗度

为了使建筑融于这片大地，屋顶和外墙都使用了制作工艺和颜色各不相同的农家土瓦，展现中国传统色彩

新国立竞技场整备项目

设计　大成建设·梓设计·隈研吾建筑都市设计事务所企业联营体
施工　大成建设
所在地　东京都新宿区
NEW NATIONAL STADIUM DEVELOPMENT PROJECT
architects: TAISEI CORPORATION, AZUSA SEKKEI AND KENGO KUMA & ASSOCIATES JOINT VENTURE

设计：大成建设·梓设计·隈研吾建筑都市设计事务所企业联营体
施工：大成建设
用地面积：约113 000 m²
建筑面积：约72 400 m²
使用面积：约194 000 m²
层数：地下2层　地上5层
最高高度：约47.4 m
结构：钢架结构，部分钢筋钢架混凝土结构（屋顶Truss型，木材和钢架混合构成）
工期：2016年12月~2019年11月（预计）
图片提供：caption摘录自《新国立竞技场整备项目~深入掌握》
大成建设·梓设计·隈研吾建筑都市设计事务所JV制作/JSC提供

面向市民开放的体育场，同明治神宫外苑和谐共存
东南侧俯瞰图。明治神宫外苑古树参天，连接着内苑和皇居。要将这片地区宝贵的绿色留给未来，留给子孙后代，在此建设一座面向市民开放的"森林体育馆"，使扎根大地的生命之树同周边的自然和谐共存。目前的透视图是基于构想绘制而成的，不是实物，实际建成后可能与先前有区别，这里预想的是栽种植物10年后的场景

后工业化社会，树木与绿色萦绕的体育馆

　　我们的探讨从建筑的最高高度开始。原计划设定的最高高度为75 m，从前的国立竞技场（1958年竣工，设计：建设省）的照明灯顶部高度为60 m。通过挖低地面并且使观众席尽可能靠近地面，将最高高度限定在50 m以下，能够做到这一点，我们很有成就感。

　　1964年，混凝土和钢铁是主角，是工业化社会的巅峰时代。2020年属于低成长的后工业化社会时代，少子老龄化社会的时代。这个时代可以说是成熟，也可以说是停滞。比起经济增长，环保和

可持续发展成为时代的主题。我们认为，丹下健三先生设计的代代木体育馆就完全契合时代的特点。

　　首先，同高耸入云的混凝土结构的代代木体育馆不同，本项目的基调更加平和，剖面形状更加依托大地。与不设置屋檐、避免建筑物留下巨大阴影的20世纪的现代主义建筑相反，我们设置4个连续的屋檐，屋檐投射的巨大影子落在明治神宫外苑的森林和建筑物上，可以使人的心情瞬间平静下来。抬头仰望大寺院的大屋檐，木材的纤细纹理会使人心境平和。屋檐采用木材，内部的屋顶采用木材和钢铁的混合结构，以减轻钢架重量。

屋顶混合材料的木材部分使用落叶松的胶合板，长度在45 m以下，这种规格中小型工厂就可以生产。体育馆的上方设置对市民开放的空中游览小路——空中森林，为了再现已经修建为暗渠的涩谷川，设计雨水循环的路径。

　　我们认为不拘材料产地大家一起合力完成的、面向公众开放的体育馆是在成熟的少子老龄化社会环境下，体育馆应该具有的建筑形式。

（隈研吾）
〔翻译：隋宛秦〕

综合考虑日本的气候、风土、传统的体育馆
南侧大门外观透视图。在体育馆的外围设置屋檐。屋檐的设计符合日本建筑传统，与气候和风土相适应。屋檐遮阳遮雨，投射出柔和的阴影，让建筑与环境变得和谐起来，营造出日式体育馆氛围

上：步行台俯视图。新国立竞技场同东京体育馆相连
中：休息室透视图，目前正在施工。强调木材的质感，营造给人以温馨之感的内部空间
下："空中森林"透视图。计划修建连接周边公园的小路——"大地森林"和周长850 mm的屋顶空间——"空中森林"，市民散步的同时可以参与体育活动

形成绿色之网的森林系统

区域图
绿色之网从明治神宫内苑连接到皇居

森林和小径交相辉映的"大地森林"

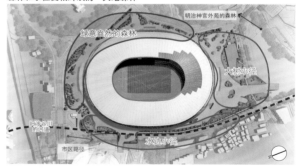

建筑物区域图
激发周边地区活力的3个区域
"绿意盎然的森林""大树小径""水边小径"构成了"大地森林"

扁平的屋顶结构，控制建筑物高度

西侧立面图
将建筑物高度控制在50 m以下，减轻压迫感

2015年		2016年												2017年						2019年		2020年									
11	12	1	2	3	4	5	6	7	8	9	10	11	12	1	2	3	4	5	6	11	12	1	2	3	4	5	6	7	8	9

设计　　施工

● 12/22 确定优先竞标企业　● 10/4 签订施工合同
● 1/19 签订施工协议　　　12月 开工
● 1/29 设计合同　　　　　　　　　11月末 预计完工
● 6/23 基本设计总括

建设工程（2016年12月末）

图片：caption 摘录自《新国立竞技场整备事业~深入掌握》

使用日本国产木材建设世界级体育馆
体育馆内部透视图。大屋顶的Truss架采用木材和钢架的混合结构，可以从观众席上感受到木纹的温暖。另外，室外的屋檐和室内也都尽可能使用木质材料，建设一个日式的世界级体育场。
大屋顶和屋檐使用的都是经过认证的日本国产木材

低环境负担的体育馆

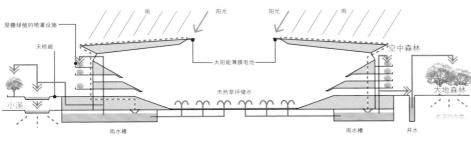

天然能源利用图

为了建设一个环境共生型体育馆，最大程度地利用自然能源，导入太阳能发电系统并循环利用雨水和井水，优先使用自然能源。为了高效率使用这一系列设备，导入能源管理系统（BEMS）和抑制多余能源消耗的系统，实现能源的高效利用。

1）积极利用自然能源，降低环境负担
· 在大屋顶的前端玻璃处设置太阳能薄膜电池
· 用地整体的雨水和井水的有效利用

2）节省能源系统，考虑到了体育馆的特性
· 导入新一代BEMS，对能源利用进行管控
· 减少待机电量和变压器负荷损失

3）达到了CASBEE（日本建筑物综合环境性能评价体系）最高级别

防灾性能很好的体育馆

本体育馆将作为东京都的大型避难所，紧急时期将人的生命安全放在第一位。体育馆的抗震性当达到大地震之后无需大规模修复，可以安全使用的程度。馆内配备可以快速恢复所有机能运行的BCP（业务持续性计划）对策。

1）具有极强的抗震性
· 采用抗震性能优异的减震结构

2）实现了灾害时的迅速逃生
· 可迅速逃生的观众席

3）灾害时维持设施机能的对策

缩减预算的同时延长建筑物使用寿命

为了延长体育馆的使用寿命，我们采用耐久性强的材料和施工方法。不仅如此，我们还制定了保证主要结构体100年内无需大修的计划。同时，兼顾各部分维护和更新的便利性，以求降低维护管理费用。

1）耐久性高、品质高的设施
· 结构体无需大修
· 延长材料的使用寿命
· 对外装木材进行加压处理，延长使用寿命

2）兼顾日常维护，使用方便
· 确保设备检修和更新的顺利进行
· 兼顾树种选择和栽培配置的栽培计划
· 对有效利用自然能源的天然草坪进行维护管理

URBAN FOREST

设计 ATELIER BOW-WOW

施工 raumlaborberlin + Atelier Fanelsa

基地 德国柏林

URBAN FOREST

Architects: ATELIER BOW-WOW

住宅模型是为了2015年秋季在柏林文化之家（HKW）美术馆举办的住宅问题展览会而建的，木质结构，双层，
6～10人合租。该住宅为组装的结构体，组装过程中无需大型机器，外行也可参与建设。1层设有浴室、厨房、
室等公用部分，2层设有私人用的胶囊式房间以及可进行个性化设计的休息室

柏林郊区的Tempelhof旧机场大楼（1923年竣工）内设有难民营。住宅模型展示后被拆卸并改建为难民营的幼儿园*

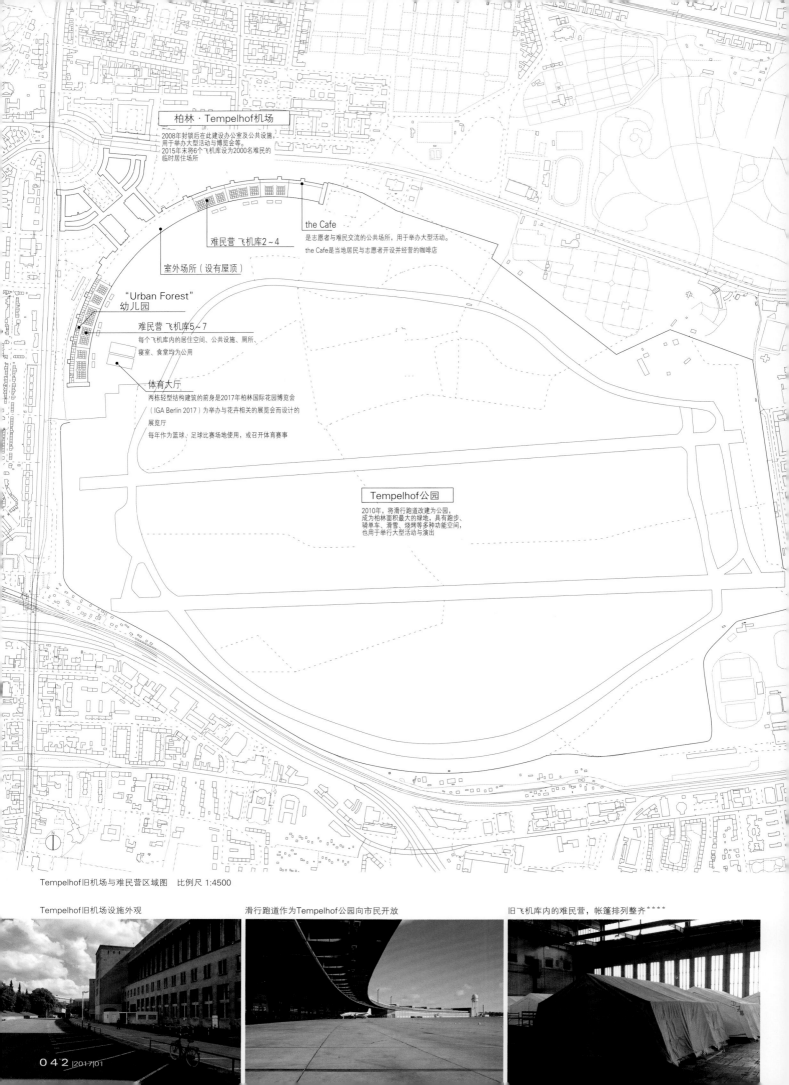

柏林·Tempelhof机场

2008年封锁后在此建设办公室及公共设施，
用于举办大型活动与博览会等。
2015年末将6个飞机库设为2000名难民的
临时居住场所

the Cafe
是志愿者与难民交流的公共场所，用于举办大型活动。
the Cafe是当地居民与志愿者开设并经营的咖啡店

难民营 飞机库2～4

室外场所（设有屋顶）

"Urban Forest"
幼儿园

难民营 飞机库5～7
每个飞机库内的居住空间、公共设施、厕所、
寝室、食堂均为公用

体育大厅
两栋轻型结构建筑的前身是2017年柏林国际花园博览会
（IGA Berlin 2017）为举办与花卉相关的展览会而设计的
展览厅
每年作为篮球、足球比赛场地使用，或召开体育赛事

Tempelhof公园
2010年，将滑行跑道改建为公园，
成为柏林面积最大的绿地，具有跑步、
骑单车、滑雪、烧烤等多种功能空间，
也用于举行大型活动与演出

Tempelhof旧机场与难民营区域图　比例尺 1:4500

Tempelhof旧机场设施外观

滑行跑道作为Tempelhof公园向市民开放

旧飞机库内的难民营，帐篷排列整齐****

将旧机场设施改建为幼儿园，利用剩余的材料制作防止幼儿坠落的围栏和门框。幼儿园由当地企业Tamaja经营管理

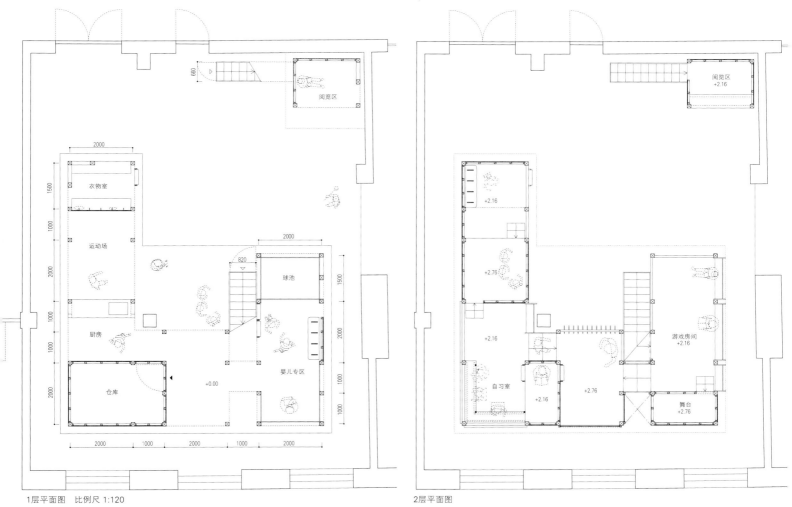

1层平面图　比例尺 1:120

2层平面图

人、建筑之间的关联性
——打造生态建筑 从身边开始

塚本由晴 Niklas · Fanelsa

展览会举办的背景：地价飞涨，民心不安

自1990年东西柏林合并以来，尤其是东柏林，利用空建筑物、工厂等闲置场所，建造了很多既廉价又宽敞的租赁房屋。在此商机下，各地的艺术家与设计师纷纷迁居柏林工作。26年后，东西柏林差距缩小，土地的不断开发使地价与房租迅速上涨。如今，东柏林的资源已经枯竭了吗？这是东西统一的必然结果吗？新自由主义的抬头会让人们失去住所吗？在这种恐慌下，近年来，柏林的集合住宅——co-housing建筑模式备受瞩目。

我参观的co-housing，是租用市政府管辖的沿江空地，请求银行融资建立的租赁集合住宅。房东是项目参与者之一，房屋设计多样化，居住者可以选择自己喜欢的居住方式。内部设有合租房，可供多人合租。租用市区土地的条件是，需在1层设研讨室、共享办公室、食堂、托儿所等公用设施，为附近居民提供开放式服务。租金可延期支付，返还银行融资款项后，其他收益用于建设服务设施、整顿庭院、维修建筑物。目的并非营利，住房的供应不受市场控制，而是让政府与资本参与进来，建设可以长期居住的场所。建筑是集众人智慧建设的，其自由、独特的氛围令人印象深刻。

在此社会背景之下，2015年秋，柏林文化之家（HKW）美术馆召开住宅问题展览会。4组建筑师与致力于改善当地居住环境的4组团队聚在一起探讨住房问题。艺术家、老人、土耳其移民、学生以及各种组织、建筑师共同讨论设计住房模型，策划在展示区制作实物模型。

ATELIER BOW-WOW与学生团队Kolab在当地举办研讨会，并通过Skype进行多次探讨。为了让学生居住在市中心，提出制作供6~10人合租的居住模型。为了让外行也可参与建设，组装过程不使用大型机器，只需在系统化的木质框架上安装个性化的墙壁和地板，制作过程非常简单。由木质框架起来的胶囊式房间尺寸不一，需用梯子才能爬上去。由此可联想到爬树，所以将该建筑命名为"Urban Forest（都市森林）"。胶囊式房间中部的夹层楼设有衣架、书架、书桌等。1层设有研讨室、浴室、厨房等公用空间。中间设有2层楼高的开放式空间和大桌子。住房模型在展示会结束之后一般会被回收利用。总部在柏林的设计事务所

raumlabor的经营者Jan Liesegang向HKW提议回收利用该模型。因此，展会后相关人员将模型小心地拆卸分解，在框架构件与墙板上都贴上标签，把木质螺丝和金属接头统一捆绑起来，用两辆大货车将部件运送到HKW的仓库。

关于接收难民这一难题

当时正逢难民大量流入欧盟各国。由于城市住宅趋于饱和状态，难民不得不在体育馆和闲置楼房中度日。在柏林，Tempelhof旧机场就是最大的收容所。纳粹时期，该机场在希特勒的命令下改建为日耳曼帝国机场。2008年封锁之后，围绕其用途曾展开多次热议。之后确定将建有滑行跑道的草坪当作公园使用，将机场的小屋作为民营公司和政府的办公室使用。但是，其中7个旧飞机库（125 m×45 m）只用作举办活动和召开临时集会的场地。其中3个飞机库从2015年起成为难民营，最多可容纳3000难民在一定时期内滞留于此。在社会变迁中机场不再作为机场，成为失去住所的难民们的容身之地。我们开始策划一些便民方案，建设几处公共设施。HKW与Tempelhof提出在难民营还原Urban Forest这一住宅模型。6号飞机库旁边顶棚高为6 m的房间里建有幼儿园，但没有任何家具。经营难民营的组织与幼儿园的经营者Tamaja提出，要在空旷的房间里加入其他结构体。用混凝土与钢铁建设的旧飞机场给人一种冷冰冰的感觉，为了营造温暖的氛围，我们在幼儿园内设置了小型木质框架空间。

众人齐心协力、共同建设

ATELIER BOW-WOW、raumlabor以及柏林的相关机构正式开始合作，对计划做出各种调整。消防相关法律对建筑的开放性要求较高，因此15项构造中废除了3项。将原来的环形结构改为U形的开放式结构及塔形的附属建筑。并将入口全面扩大，相应地添加了很多扶手。因飞机场作为文化遗产受到保护，不能用钻头在地板上打眼，所以铺上定向结构刨花板（OSB）地板来固定柱子。另外，还用部分剩余构件来加固木框。

2016年9月，raumlabor与在HKW参与建设Urban Forest的Atelier Fanelsa合作并正式动工。

新地板与金属制品得到HKW的资金援助，但组装结构体的人工费还没有着落。于是当地志愿者与难民自发组成建设团队，共五十多人。有的是工匠，有的是单纯热爱手工的人，有的是曾在母国从事过建筑行业的难民。他们办理暂住证、租房子、找工作都很困难，而建设幼儿园需要他们的技术。为了孩子、为了大家，他们积极地参与到建设中来。建设志愿者每天3组轮流工作，1名老手、1名新手2人组成1组，共6人。第1天搬运材料，进行施工放线，孩子们也帮忙搬运材料。第2、3天安装新地板、用金属制品固定柱脚。接下来的一天是安装柱子、地板、墙壁，之后再用2天时间做细微调整及设置楼梯。实际上只用9天就重建了"Urban Forest"。

孩子们的容身之地就是住房模型"Urban Forest"的所在之地

为了方便幼儿园的活动，Urban Forest的木框结构为上下两层。1层是衣橱、儿童厨房、收纳柜，还有为没有学会走路的幼儿设置的围栏。塔的1层是休息场所，有很多靠垫和枕头。楼梯上有门，可作为禁止登上2层的挡板。2层可以读书、写生、做手工、学习、做作业。阅览区有书本、玩具，可以在此学习、做手工。建设结束后，不仅是孩子们、老师们有了容身之地，海报、玩具、书本、家具、靠垫、枕头等也都安置好了。Urban Forest也在难民营孩子们的欢声笑语中找到了它存在的价值。

生态建筑——为工业社会的建筑模式开辟新大陆

在经济全球化发展迅猛的城市，人类的生活基础就是舒适的住房。住房在工业化社会中已经彻底被商品化了。大多数城市的市民只能居住在工业社会的建筑模式之下。租房、用电、用水、获取食物都需要金钱，仅仅居住在里面就会有负债的感觉。意识到这种无奈之后，我们只能试图开辟新的途径。关于建设，为了方便，Kolab的年轻人刚开始提议委托专业人士来建设，对此我们表示不赞同，认为他们只是想更方便地享受工业社会的服务。但是这种建议最终和住宅模型联系到了一起。展览会结束后，失去放置之地的住宅模型在大家齐心协力的建设下，成为在产业社会中无法生存的难民（孩子

通过生产—所有—废弃这一循环，发展货币经济，明确服务的供给方与享受方，这是资本主义的模式。难民（孩子们）的容身之地就是这所建筑的所在之地，这种相互关联与建设时的互相帮助，并不符合生产—所有—废弃的循环模式。但是从生态建筑的视角看，这是理所当然的。减少CO_2排放、节能、创新等生态设施的建设需要高端技术与雄厚的资金，普通人很难接触到。但是旧飞机场的难民营以及在住宅问题背景下设计Urban Forest的过程启示我们，生态建筑就在我们身边，是人们可以切切实实感受到的。

（翻译：王小芳）

2015.10 ~ 2015.12 HKW（文化之家）展览会

木材

◇施工
Museumstechnik（木匠）

结构用金属材料

◇策划
HKW（美术馆）
Kolabs（为年轻人获得住房提供建议的团队）
Atelier Bow-Wow（建筑师）
EiSat（结构设计师）
Atelier Fanelsa（当地的建筑师）

2016.01 ~ 2016.09 HKW收藏、准备

关于建设用地及用户的调查

◇为材料的使用提供建议
raumlabor berlin（当地建筑师）

2016.10难民营 Tempelhof

◇幼儿园经营
Tamaja（经营公司）

HKW提供后续的地板与螺丝

道具（raumlabor berlin）

德国幼儿园的相关法律

木材的循环利用
楼梯
门
屋顶加固
扶手
墙壁的构件材料

◇设计、设置
难民（10位能工巧匠）
志愿者（35位经验者＋业余爱好者）
Holzfreunde（木匠）
家具制作的参与者
桌子＆长椅
OSB地板
◇使用者
难民（幼儿园）

幼儿园的老师
难民营的自治领导团队
难民的孩子们

1层
·衣物室
·仓库
·厨房
·婴儿专区
·球池

2层
·自习室
·图书馆、阅读区
·午休区
·手工区

线条说明
—— 相关人士
—— 建筑材料
—— HKW之后带来的材料及条件

合股线模型
表示展览会后收藏、改变用途的过程。
相关人士及其活动、建筑材料的关联用时间序列来表示

左：木质框架与个性化装修的墙壁，由地板的3种结构材料制成/中：在美术馆展览时，将铝板固定在地板上，后插入木框****
右：展览会开始的情况。立体的建筑为人们带来多样化的感受***

设计：建筑：ATELIER BOW-WOW
　　　结构：EiSat GmbH
施工：raumlabor + Atelier Fanelsa
用地面积：150 m²
建筑面积：50 m²
使用面积：100 m²
层数：地上2层
结构：木质结构
工期：2016年10月
摄影：Jens Liebchen
　　　*Dennis Broer
　　　**Irene Beyer
　　　*** 塚本由晴
　　　****Niklas Fanelsa
（项目说明详见第162页）

上方3图：将一部分建筑材料搬入设有难民营的旧机场飞机库，柏林市民与难民志愿者（50人）共同参与了长达9天的建设。其中有的难民拥有建筑经验**

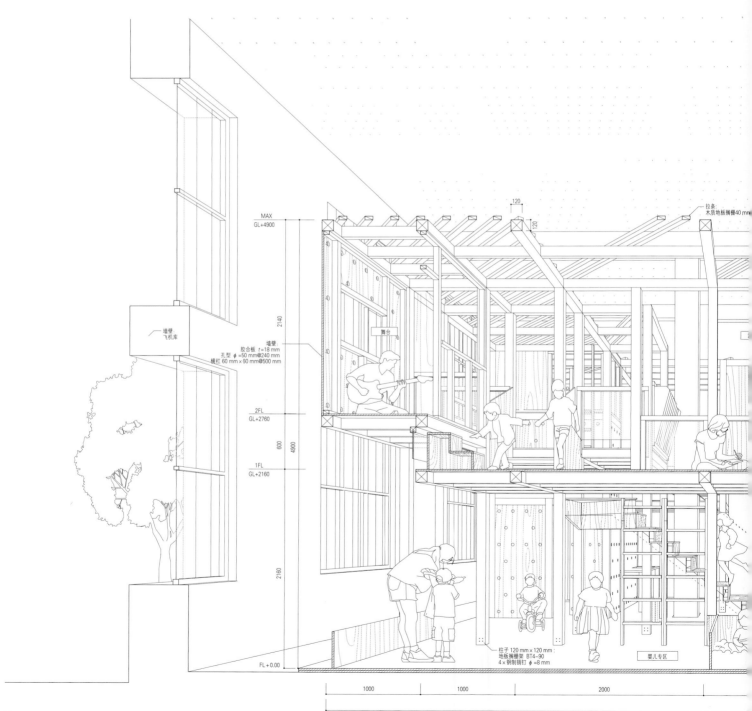

剖面透视图　比例尺 1:40

上方2图：Urban Forest 2层内部。木质框架是独立于原有建筑的结构。用打孔的18 mm厚的胶合板来加固框架 ＊＊

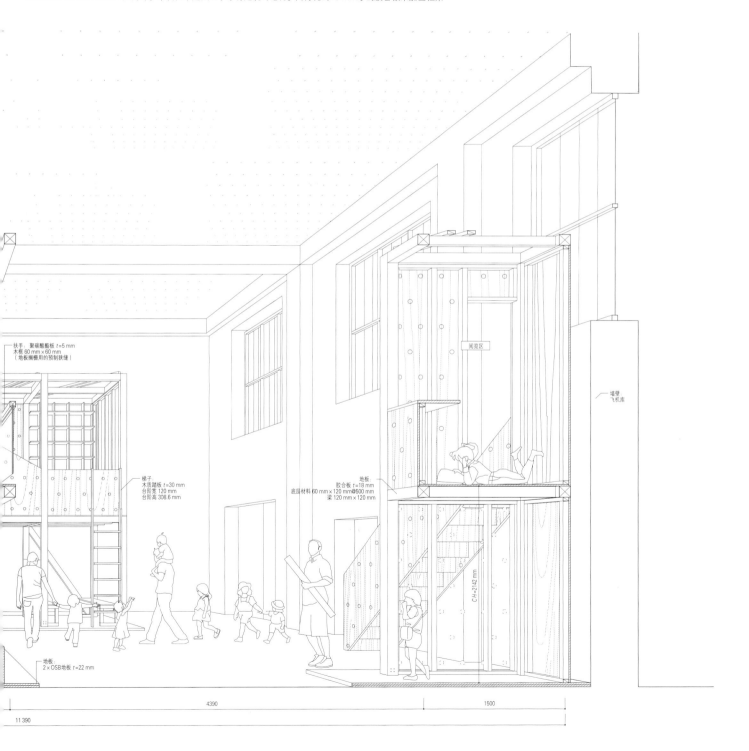

扶手：聚碳酸酯板 *t* = 5 mm
木框 60 mm × 60 mm
（地板搁栅用的预制狭缝）

梯子：
木质踏板 *t* = 30 mm
台阶宽 120 mm
台阶高 308.6 mm

地板：
2 × OSB地板 *t* = 22 mm

阅览区

地板：
胶合板 *t* = 18 mm
底层材料 60 mm × 120 mm@500 mm
梁 120 mm × 120 mm

墙壁
飞机库

CH = 2142 mm

4390

1500

11 390

墨田北斋美术馆

设计　妹岛和世建筑设计事务所
施工　大林・东武谷内田建设企业联营体　大荣・事业建设企业联营体
　　　浦安・冲山建设企业联营体　浦安工业
所在地　东京都墨田区龟泽
THE SUMIDA HOKUSAI MUSEUM
architects: KAZUYO SEJIMA & ASSOCIATES

隔着北侧绿町公园看向美术馆。建设该美术馆是为了保存、展示江户时代后期的浮世画师葛饰北斋（出生于现在的墨田区）及其门下弟子的作品。区政府于1989年提出该计划，至今已有28年。美术馆建于公园内的旧网球场，配合周围环境，将其外观分割为若干部分。外壁铝板由耐酸铝加工处理之后进行电解抛光与防腐蚀处理。铝板表面有缝隙，与底层材料保持一定距离，从缝隙中无法看到底层材料，表面非常平滑。1张铝板的大小约为1250 mm×5600 mm，厚度为3 mm

沿街视角。阳光照射在缓缓倾斜的外墙上，富于变化，可以从不同角度观赏

西南侧视角。街景映照在建筑物外壁上，使建筑物与周围街景融为一体

北侧入口。风景映照在建筑物外壁上

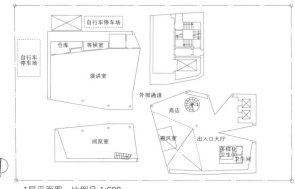

1层平面图　比例尺 1:600

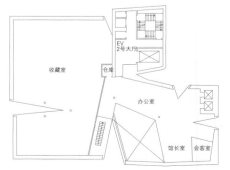

2层平面图

3层平面图

4层平面图

剖面图　比例尺 1:600

外部通道与演讲室（右）。将整个建筑物分隔的间隙也是出口与入口，与呈东西、南北方向的十字形外部通道连接在一起。整个建筑没有前后之分，可从任意方向出入。外部通道与顶棚高为4280 mm的倾斜玻璃外壁相连，可看到馆内情况

3层大厅。内部是项目展览室。中间的螺旋式楼梯由厚度不同的铁板建成。楼梯分为3部分，扶手板宽为1 m，现场焊接而成。建筑上方的隔板用膨胀合金调光

4层项目展览室

2层办公室视角。从外壁间隙与1层大厅的楼梯井可射入阳光

从北侧绿町公园看向美术馆

南侧正面。建筑物最高高度21 920 mm

创造新风景的美术馆

葛饰北斋出生于江户时期的墨田，他的一生几乎都在这里度过。为了保存、展示他的作品，同时进行研究与普及教育、发展地区经济，建立了该美术馆。建设用地在距离两国站不远的街区小公园里，公园大小相当于一个街区。可以从四个方向进入美术馆。1层设有入口大厅、阅览室、演讲室等公共空间。2层设有办公室与收藏室，3、4层是常设展览室与项目展览室。地下设有卫生间、机器室等辅助设施。

首先，我们考虑到用地周围有很多大小不一的建筑，为了与周围街景协调统一，我们计划建设一个由几部分组合而成的建筑，而不是1栋大建筑。

建筑物之间的间隙成为迎接各方来客的入口，还可从楼上眺望到东京晴空塔。可从间隙中隐约看到美术馆内部的情况。但是因为要对文化遗产进行展览与保护，大部分墙壁都是不透明的。

外壁呈倾斜状，在不同楼层打造出不同平面。公园的绿色植被、周围的建筑和蓝天等风景映照在外壁的铝板上。北斋作品的特点是，同一幅画可从不同角度观察到不一样的画面。该建筑物也是如此，倾斜角度不同的外壁映照出不同的风景，而从整体来看又构成新的画面。

（福原光太／妹岛和世建筑设计事务所）

（翻译：王小芳）

设计：建筑：妹岛和世建筑设计事务所
　　　结构：佐佐木睦朗结构规划研究所
　　　设备：森村设计
施工：建筑：大林·东武谷内田建设企业联营体
　　　电力：大荣·事业建设企业联营体
　　　空调：浦安·冲山建设企业联营体
　　　供水排水：浦安工业
用地面积：1254.14 m²
建筑面积：699.67 m²
使用面积：3278.87 m²
层数：地下1层 地上4层 屋顶1层
结构：钢筋混凝土结构 部分为钢架结构
工期：2014年7月～2016年4月
摄影：日本新建筑社摄影部（特别标注除外）
（项目说明详见第162页）

区域图　比例尺1:6000

茨城县北艺术节
Spring

设计　妹岛和世建筑设计事务所
施工　高桥工业（主体建筑）　KANMAIN（基础·设备）
所在地～茨城县久慈郡大子町
SPRING
architects: KAZUYO SEJIMA & ASSOCIATES

设计：建筑：妹岛和世建筑设计事务所
施工：高桥工业（主体建筑）
　　　KANMAIN（基础·设备）
用地面积：4443.0 m²
建筑面积：78.5 m²
工期：2016年9月~10月
摄影：妹岛和世建筑设计事务所
　　　＊木奥惠三
（项目说明详见第163页）

茨城县北艺术节于2016年9~11月举办，会场包
括茨城县北部的6个市町。大子町也是会场之一，
Spring是足浴温泉，曾使用过旧浅川温泉的水源。
铝板表面反射出阳光和美景

建于斜坡上，周围山川绵延。足浴温泉呈圆形，直径为10 m。铝板厚度为5 mm，曲面板现场进行焊接

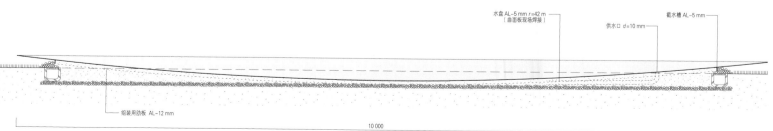

水盘 AL-5 mm r=42 m
（曲面板现场焊接）

供水口 d=10 mm

截水槽 AL-5 mm

组装用肋板 AL-12 mm

10 000

剖面图　比例尺 1:50

温泉与风景相融

　　大子町的旧浅川温泉位于大山到久慈川的缓坡中部，周围风景幽雅恬静。除温泉之外，还有又旧又大的藤架。

　　该地区的入口是陡坡，爬上陡坡后幽雅的风景与足浴温泉映入眼帘。足浴温泉直径为10 m，看上去像一个圆盘，表面为铝板。风景与蓝天映照在白色的铝板上和温泉里，以不可思议的方式融合在一起，使置身于此番景致中的游客流连忘返。人、温泉、风景巧妙相融，吸引众人聚集此地。

（山本力矢/妹岛和世建筑设计事务所）

（翻译：王小芳）

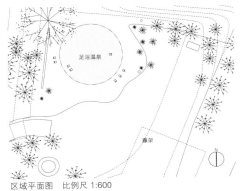

区域平面图　比例尺 1:600

南侧外壁视角。马赛克瓷砖的主要原料为泥土，本次的设计主题便是采土场的平面土墙，土墙亮点在于嵌入了陶瓷瓷砖和漆器碎片。屋顶边缘种植50 cm高的松树

多治见市马赛克瓷砖博物馆

设计 藤森照信+A・K+ACE设计企业联营体
施工 吉川+加藤+樱井特定建设工程企业联营体
<small>**所在地** 岐阜县多治见市</small>
MOSAIC TILE MUSEUM
architects: TERUNOBU FUJIMORI+A・K+ACE DESIGN COMMUNITY

泥土、瓷砖和外观

我仔细观察了完工后的景象，外壁嵌入瓷砖碎片，用泥土进行涂装，建筑顶部种植松树。整体感觉十分梦幻，像是蓝天白云下的一幅图画。

虽与"秋野不矩美术馆"用地条件、整体设计相似，却有独特的梦幻感。并非是舞台布景似的虚假感，而是真真切切的梦幻感。个人来看，这样的建筑风格，古今中外，前所未有。

建筑正面给人的印象妙不可言。当登上相邻公民馆的上层眺望其反面时，盆地中央的繁荣街景加深了这一印象。整体来看，这一建筑在周围绿地中略显"突兀"，但令人倍感欣慰的是并没有与周边环境产生不和谐之感，更没有破坏整体意境。

"似屏风而立""依山形而建""一层嵌入式""顶部以松为景"这是我们最初的设计理念，但遇到了两大难题：一是如何将瓷砖展示于外壁的问题；二是内部主题设计应具体置于何处及如何设计的问题。

高迪设计的奎尔公园已将瓷砖拼贴建筑风格展现得淋漓尽致，我们只能另辟蹊径。最终的设计是将瓷砖碎片嵌于外壁之上，展厅内则是将瓷砖碎片装点于金属编织网上，形成"瓷砖珠帘"。

主题设计位于建筑内部。参照瑞士某美术馆设计者安藤忠雄的手法，设计了直线上升的原浆混凝土楼梯，混凝土空间直通建筑顶层。

看向草坪和竹林时，你将沉醉于大地之景，而将视线抽离地面时，一抬头又可见"瓷砖蜘蛛网"延伸出室外的部分在蔚蓝的天空下闪闪发光的景象，形成了"上天入地"的特效景观——这并非我的设计初衷，而是建成后突然产生了这一感觉。

（藤森照信）

（翻译：林星）

南侧俯瞰视角。多治见市不仅是马赛克瓷砖的发源之地，且其产品位居日本第一。本次的4层高钢筋混凝土建筑便建于其老城公务所旧址之上，借助向北倾斜的地势，我们在瓷砖屋顶设计拱形绿地。参观者可从南侧小道进入，穿过小小的入口就可进入馆内。

4层1号展厅。屋檐面设有圆形开口，属半开放式的展示空间。小型窗户有利于通风。白色马赛克瓷砖区内陈列着可用在澡堂等场所的马赛克艺术品

1层楼梯间的休息平台。顶灯照射的展示台上陈列着伊藤庆二的陶艺作品

楼梯间。地板和天花板均为泥土壁。深处的白色空间为4层展厅

4层。延伸出屋顶的"马赛克瓷砖珠帘"由藤森设计。约400片的瓷砖碎片由金属网串联起来

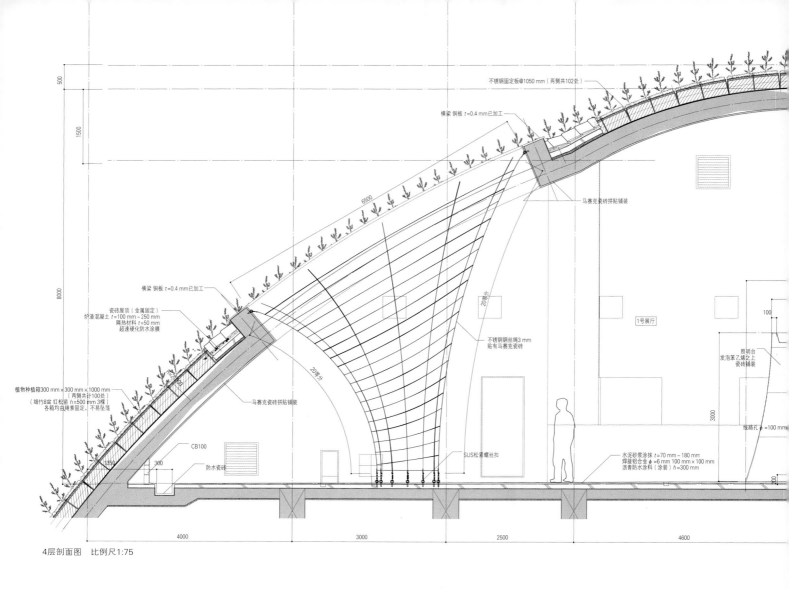

不锈钢固定板@1050 mm（两侧共102处）

横梁 铜板 t=0.4 mm 已加工

马赛克瓷砖拼贴铺装

1号展厅

20等分

不锈钢丝绳3 mm
贴有马赛克瓷砖

照明台
发泡苯乙烯之上
瓷砖铺装

横梁 铜板 t=0.4 mm 已加工

瓷砖屋顶（金属固定）
炉渣混凝土 t=100 mm～250 mm
隔热材料 t=50 mm
超速硬化防水涂膜

植物种植箱300 mm×300 mm×1000 mm
（两侧共计100处）
（细竹8盆 红松苗 h=500 mm 3棵）
各箱均由缆索固定，不易坠落

马赛克瓷砖拼贴铺装

CB100

防水瓷砖

300

SUS松紧螺丝扣

水泥砂浆涂抹 t=70 mm～180 mm
焊接铝合金 φ=6 mm 100 mm×100 mm
沥青防水涂料（涂装）h=300 mm

残路孔 =100 mm

4层剖面图　比例尺1:75

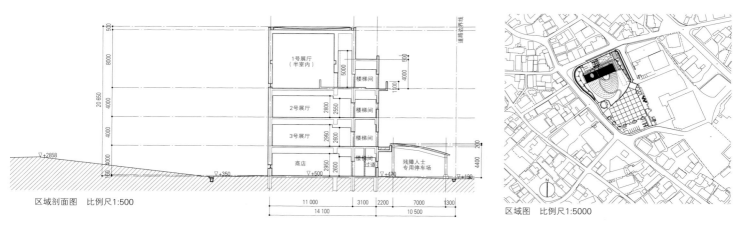

1号展厅
（半窨内）

楼梯间

2号展厅

楼梯间

3号展厅

楼梯间

商店

楼梯间
过道

残障人士
专用停车场

区域剖面图　比例尺1:500

区域图　比例尺1:5000

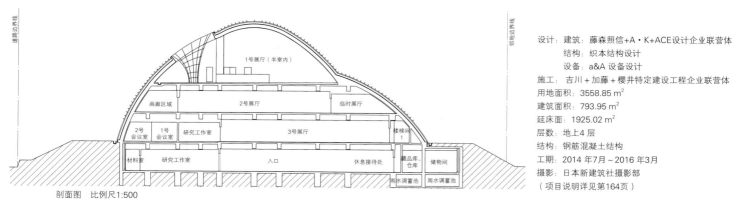

1号展厅（半窨内）

画廊区域

2号展厅

临时展厅

2号
会议室

1号
会议室

研究工作室

3号展厅

楼梯间
1

材料室

研究工作室

入口

休息接待处

储物间

藏品库、
仓库

雨水调蓄池

雨水调蓄池

剖面图　比例尺1:500

设计：建筑：藤森照信+A·K+ACE设计企业联营体
　　　结构：织本结构设计
　　　设备：a&A 设备设计
施工：吉川＋加藤＋樱井特定建设工程企业联营体
用地面积：3558.85 m²
建筑面积：793.95 m²
延床面积：1925.02 m²
层数：地上4层
结构：钢筋混凝土结构
工期：2014 年7月～2016 年3月
摄影：日本新建筑社摄影部
（项目说明详见第164页）

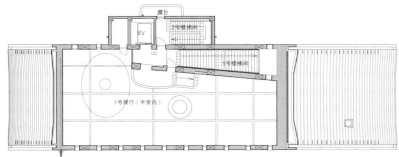

4层平面图

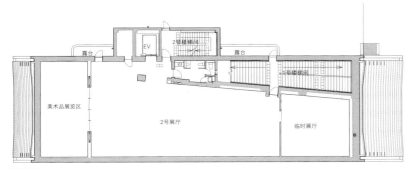

3层平面图

上：4层展厅。4层陈列室的陈列空间由藤森监修
下：1层休息接待中心。钢筋混凝土为主体，白色纹路泥浆涂装。右侧为楼梯间

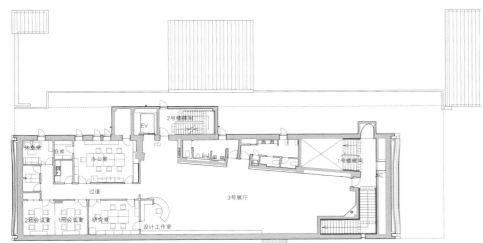

2层平面图

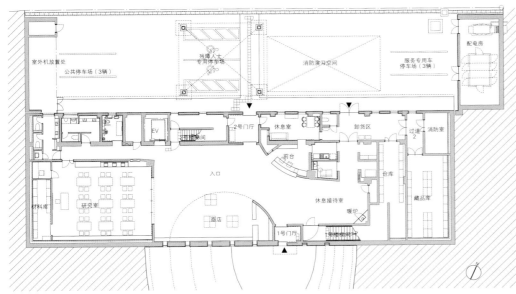

1层平面图　比例尺1:400

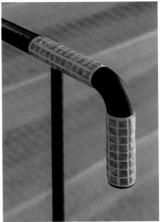

上：外壁。精致小窗和茶碗碎片装点
下：楼梯扶手。铁栏杆上附有薄板

铜屋顶+栗百本+草回廊

设计　藤森照信+中谷弘志（AKIMURA FIYING · C）
施工　秋村组
所在地　滋贺县近江八幡市
COPPER ROOF + 100 CHESTNUT TREE
architects　TERUNOBU FUJIMORI + HIROSHI NAKATANI

铜屋顶西侧外观。本建筑建于"TANEYA集团"分店"LA KOLLINA近江八幡市"建筑用地之上，总层数为5层，地下1层，地上4层。椭圆形圆柱体外壁上附有铜板建材，2层高的山形屋顶使用材料为铜板建材，防水纸

东侧看向栗百本视角。与铜屋顶相邻的平房为工厂商店两用建筑。屋顶由天鹅绒草实现绿化，设有自动洒水设备，铜制水龙头滴出的水可促进植物蒸腾作用

西北方向视角。从左至右分别是铜屋顶、栗百本、草屋顶。水田间零星点缀着"七块石"……稻根……形状（由农命名的七块石头）。面积约为110 000 m²的用地上，各建筑绕水田而建。铜屋顶四周柱子均为去皮的栗木。最高层为眺望室

绿化设施"草屋顶"已全面建成

本次的主体景观兼绿化设施"草屋顶"已全面建成。在此基础之上,其背面相关设施也趋于完工。在"TANEYA集团"的参与下,"LAKOLLINA"设计蓝图的核心部分已经完成。其设施主要包括本公司建筑(铜屋顶)、KASUTERA店(栗百本)、回廊(草回廊)、水田、梯田、七块石、土塔。就是说水田、梯田和土塔也纳入了设计。

这并不是一开始就确定的整体设计计划。事实上,是在其他设计小组已经完成建设申请、制定好施工计划的情况下,总经理突然中止了全部计划,并将工程转交于我后完成的全新设计。首先建成的是停车场和商店(草屋顶)。相关设施该如何设计和配置呢?关于这一问题,我们思考了很久,最终决定建一个庭院(包括水田、梯田、七块石、土塔),在此基础上完成该建筑的建设。建设过程中,将商店建于草屋顶与主体建筑之间,出于便利性考虑,就有了回廊。

草屋顶的绿化作用是不言而喻的。屋顶植草式绿化和内部景观的独特性给人的印象有别于普通回廊,但完全不用担心这样的设计是否会给人突兀的感觉。因为大家对达尼·卡拉万的设计作品内盖夫纪念碑(Negev monument)已经有了充分的体验。

让我担心的是水田和建于山间的回廊是否切断了用地空间和山之间的连续感。这座山原本就跟近江八幡这一地名渊源颇深,被称为"日牟礼八幡神寄居的圣山"。"神长官守矢史料馆"建于守屋山山脚下,它作为我的"处女作"开启了我的建筑设计事业。自那之后,在建筑设计之路上不断取得的成就让我深感设计绝不能与大自然切断联系。

"草屋顶"因为屋顶种满了草,与神圣的山脉自然相融。整个回廊给人的感觉是怎样的呢?对此感到十分不安的我在绿色回廊眺望远山时,终于消除了心中的顾虑。建筑不仅没有与山脉产生违和感,回廊的存在反而使得远山更加青葱耀眼,似乎回廊就是风景画的画框。因为种满了草,回廊与远山的绿相辅相成,给神灵居住的山增添了一丝神圣感。

建筑绿化主要在于竣工后的建筑主体的维护整修,这一点我们也做得很好。作为设计者我深感欣慰。

(藤森照信)
(翻译:林星)

栗百本底层架空柱。长约2.8 m的栏杆下是通往店铺的小道兼小憩场所

弧回廊的侧视角。一宽度约140 m的弧形草回廊可作为参观者的散步小道。屋顶椽子和纹路清晰可见

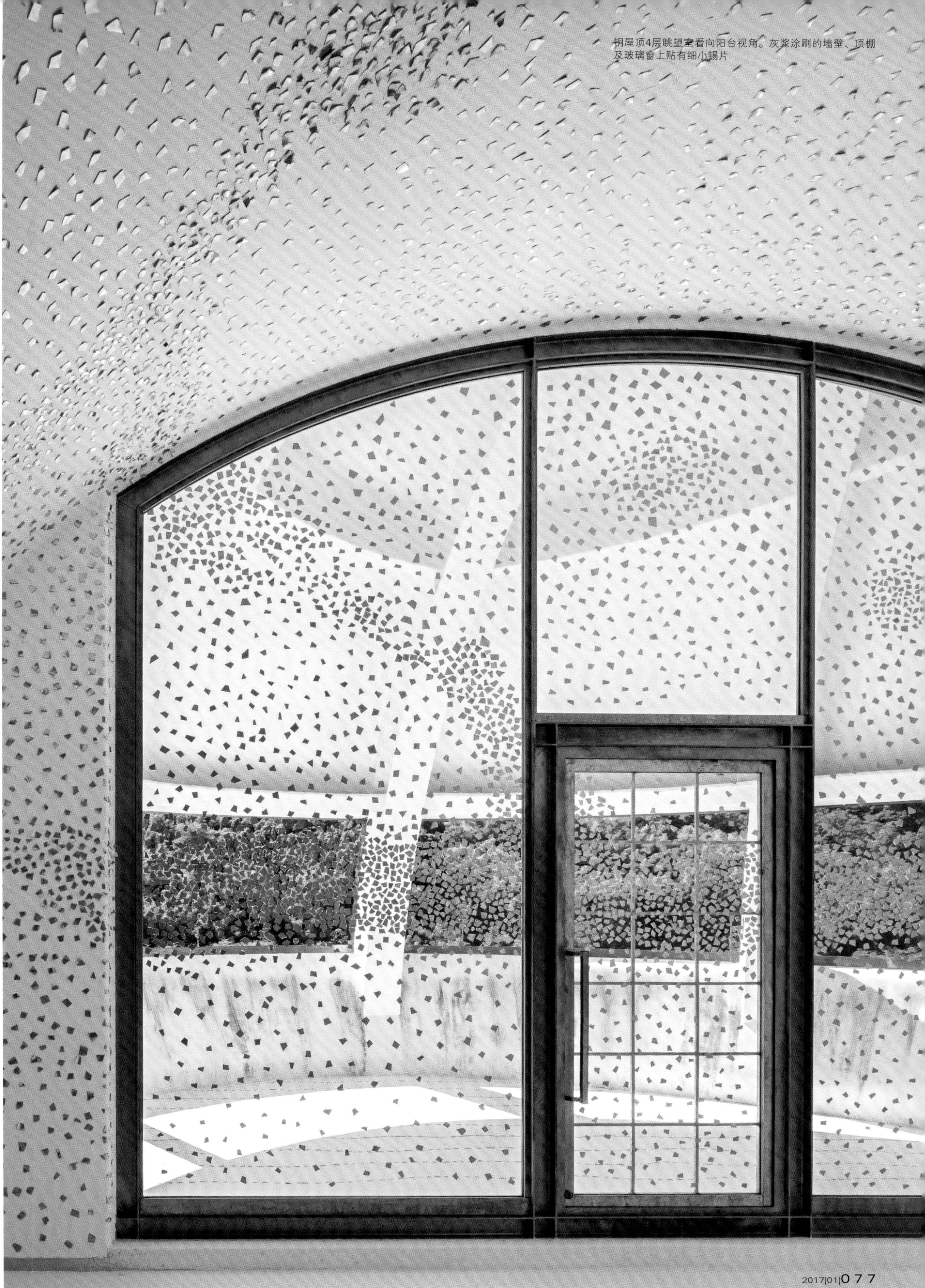

铜屋顶4层眺望室看向阳台视角。灰浆涂刷的墙壁、顶棚及玻璃窗上贴有细小锡片

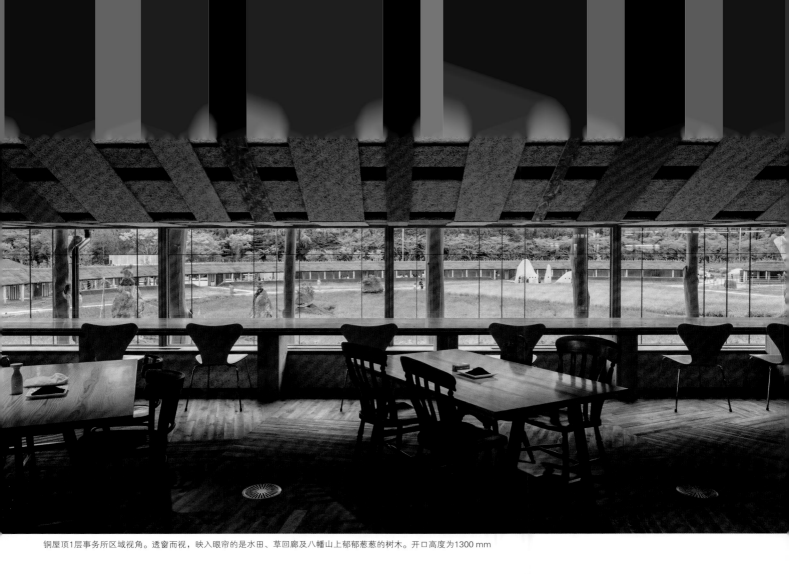

铜屋顶1层事务所区域视角。透窗而视，映入眼帘的是水田、草回廊及八幡山上郁郁葱葱的树木。开口高度为1300 mm

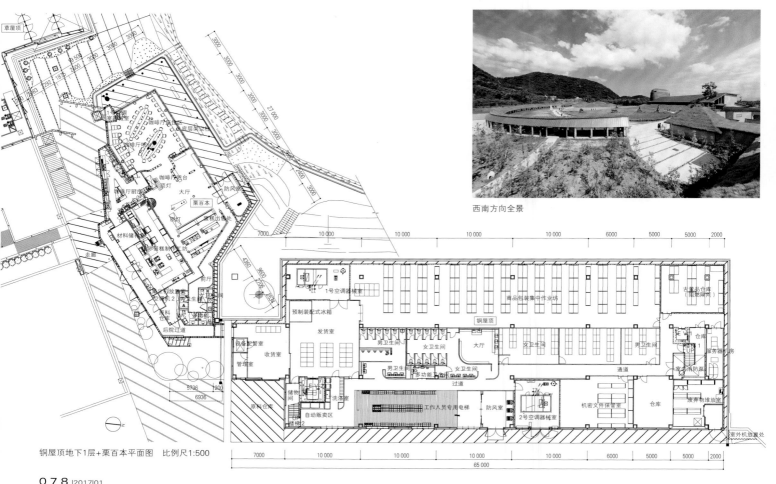

西南方向全景

铜屋顶地下1层+栗百本平面图　比例尺1:500

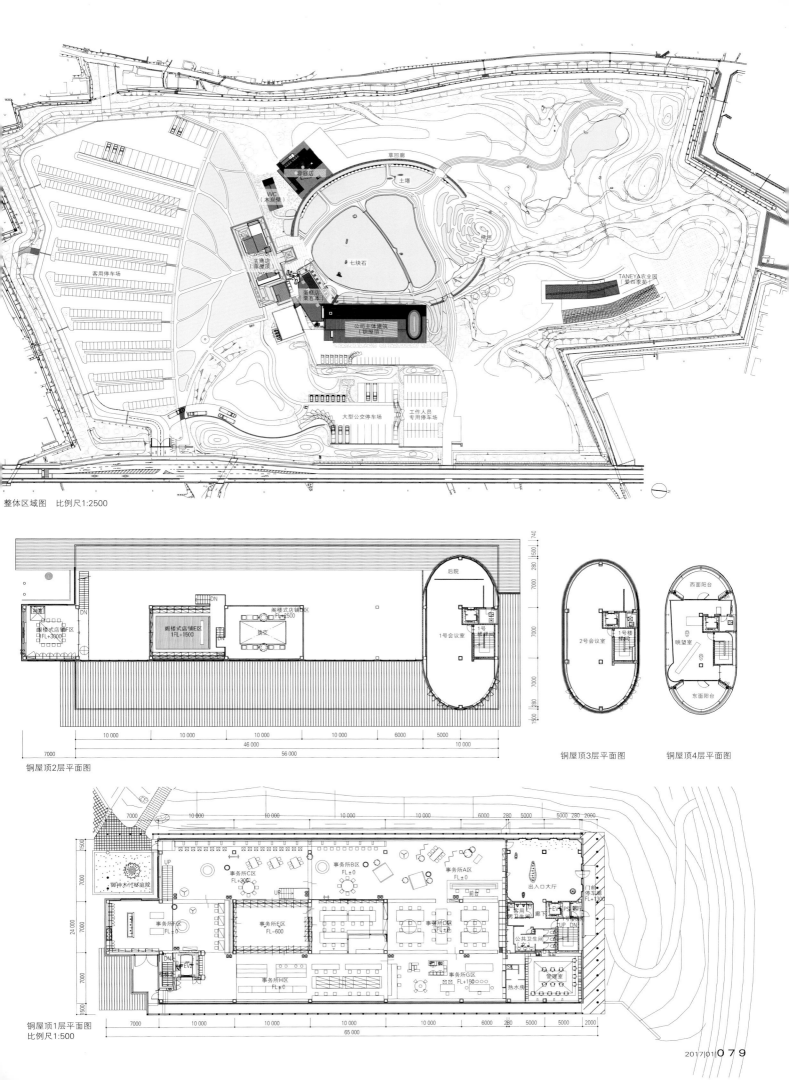

整体区域图 比例尺1:2500

草回廊
土塔
瓷器店
WC
(木炭壁)
主商店
草屋顶
蛋糕店 栗百本
公司主体建筑
(铜屋顶)
七块石
客用停车场
铜塔
TANEYA农业园
(爱四季苑)
大型公交停车场
工作人员
专用停车场

N

铜屋顶2层平面图

后院
阁楼式店铺区
FL+3000
阁楼式店铺区
1FL+1500
阁楼式店铺区
FL+1500
换气
1号会议室
1号楼梯间

10 000 10 000 10 000 10 000 6000 5000
46 000
7000 56 000 10 000

铜屋顶3层平面图

2号会议室
1号楼梯间

铜屋顶4层平面图

西面阳台
眺望室
东面阳台

铜屋顶1层平面图
比例尺1:500

御神木竹林庭院
事务所C区
FL+300
事务所B区
FL±0
事务所A区
FL±0
UP
前台
出入口大厅
门前停车廊
FL+1300
事务所E区
FL-600
事务所D区
FL±0
事务所F区
FL±0
客用卫生间
公共卫生间
EV2
事务所H区
FL±0
事务所G区
FL+150
管理室
热水房

7000 10 000 10 000 10 000 10 000 6000 5000 5000 2000
65 000

1500 7000 24 000 7000 1500

铜屋顶4层眺望室。建筑内部陈列着该建筑的设计图和建筑模型

铜屋顶1层景观。灰浆涂刷的空间内建有假山，参观者可以从正面木门或右侧白色的门进入事务所区域

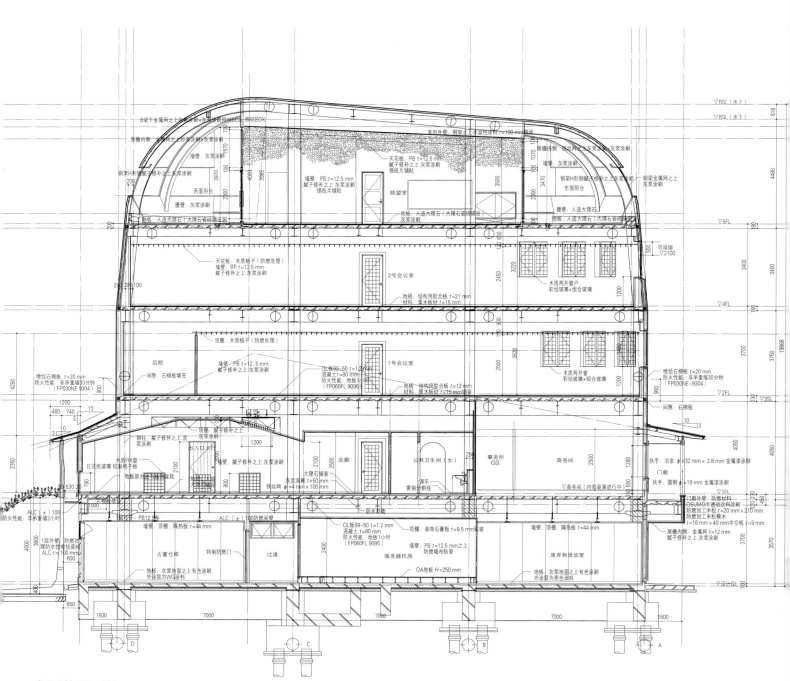

铜屋顶剖面图　比例尺1:150

栗百本大厅。建筑的主体材料是采伐于木曾山的栗子树

栗百本观众席的桌椅均由藤森设计

设计：建筑：藤森照信 + 中谷弘志（AKIMURA FIYING・C）
　　　结构：KEINS
　　　设备：杉本设备设计事务所 + 山本设备设计事务所
监理：AKIMURA FIYING・C
施工：秋村组
用地面积：铜屋顶：4683.69 m²　栗百本：6407.56 m²
建筑面积：铜屋顶：1597.34 m²　栗百本：510.43 m²
使用面积：铜屋顶：3556.48 m²　栗百本：499.96 m²
层数：铜屋顶：地下1层　地上4层　栗百本：地上1层
结构：铜屋顶：钢架结构
　　　栗百本：钢架结构　部分为木质结构
工期：铜屋顶 2015 年5月~2016 年5月
　　　栗百本 2015 年12月~2016 年6月
摄影：日本新建筑社摄影部（特别标注除外）
（项目说明详见第165页）

八幡地区的文化

位于近江八幡市的 "LA KOLLINA" 的设计理念来源于大自然。将用地中央设置为水田区，旨在营造田间气息。目前，我们正在通过当地大学及研究所的公正会来确立共同研究项目如何开展。同时，与立命馆大学、龙谷大学、京都大学进行一系列的合作研究，主要研究课题是如何充分利用 LA KOLLINA 地区的梯田、如何通过土壤分析和施肥规划实现无农药无公害种植以及如何充分利用竹子。

其次，与地区部门合作共同推进计划实施的同时，也和地区居民就该地区的前景和发展进行商讨。本计划的首要目的是向新一代传播近江八幡地区的文化，为此，2016 年11月举办了 "LA KOLLINA近江八幡松明节"。"TANEYA集团" 的标志性建筑设施 "LA KOLLINA近江八幡" 周围的这一建筑群同时也成为藤森的一大代表作。

（TANEYA集团广播室）

与大学共同研究的场景

"松明节" 的节前准备

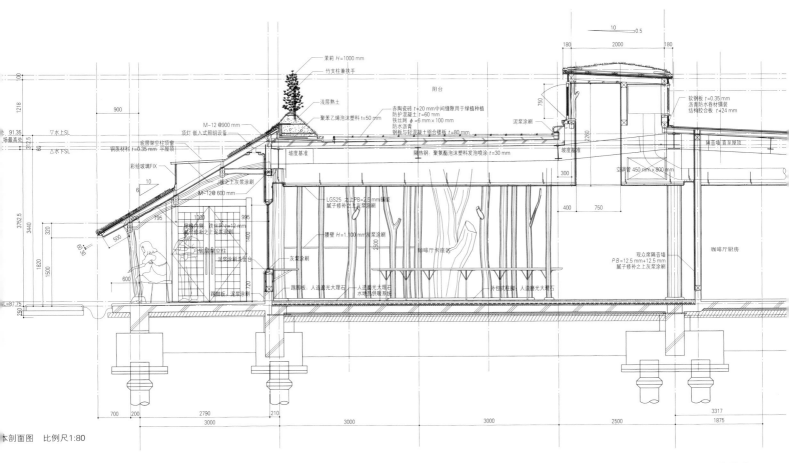

本剖面图　比例尺1:80

奈良国立博物馆奈良佛像展馆改建

设计　栗生明+栗生综合策划事务所
施工　奥村组
所在地　奈良县奈良市
NARA NATIONAL MUSEUM NARA BUDDHIST SCULPTURE HALL EXHIBITION ROOM RENOVATION
architects: A.KURYU ARCHITECT & ASSOCIATES

6号厅视角。顶棚百叶窗部分保留原有设计。本次改建主体建筑是由片山东熊设计建成的奈良国立博物馆（建成于1894年），改建主体空间为展厅。为妥善保存作为国家文化财产的建筑原貌，我们仅对地板、墙壁、顶棚进行改建。在此基础之上新建独立防震展示台，对展示柜、照明设备、空调设备等进行更新

6号厅视角。樱红色墙壁、可调光LED节能灯营造佛像展厅明亮空间。拆掉原玻璃展柜，使参观者可以近距离参观

10号厅视角。保留建筑主框架及门窗。平面设计保留原样，总体由中央的三个大房间和其周围的数个小房间构成

仰视顶棚视角。顶灯为反光板均匀反射的LED节能灯灯光。新设百叶窗既可凸显原有顶棚设计，又可用于照明设备的安放

8号厅看向6号厅视角。新建隔墙将原有开口部划分为三大部分　　　2号前厅视角　　　6号厅视角。大型拉门为观光者通向右侧前厅的径直通道

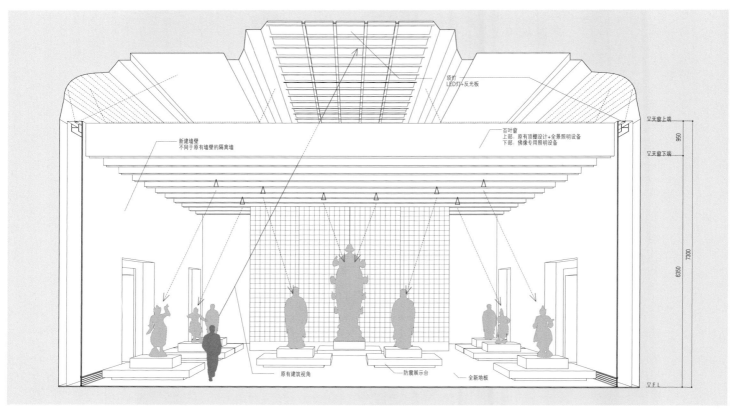

顶灯
LED灯+反光板

百叶窗
上部：原有顶栅设计+全景照明设备
下部：佛像专用照明设备

新建墙壁
不同于原有墙壁的隔离墙

∇天窗上端
950
∇天窗下端

7300
6350

原有建筑视角　防震展示台　全新地板

∇FL

展示厅剖面透视图　比例尺1:100

东侧外观。入口改建所用材料为铝制板

设计：建筑：栗生综合策划事务所
　　　结构：中田捷夫研究室
　　　设备：TECHNO KOEI CO., LTD
施工：奥村组
用地面积：78 760 m²
建筑面积：1602 m²
改建使用面积：1366.09 m²
层数：地上1层
结构：钢架结构　部分为木质结构
工期：2014 年9月～2015 年3月
　　　2015 年7月～2016 年4月
（项目说明详见第166 页）

原有主体结构保存完好的佛像展厅

原有主体结构保存完好的佛像展厅"奈良博物馆"宽敞明亮，建于1894年，是奈良时代最早的欧式建筑。该建筑由就职于宫内省内匠寮（日本古代宫廷内指挥工匠修理宫中器物、管理营造的部门）的建筑家片山东熊设计而成，属于文艺复兴法式建筑风格，玄关周围的设计独具匠心。于1969年作为"旧奈良博物馆主馆"被指定为日本国家级重要文化财产。此后，分别于1972年、1997年增建新馆以及与地下走廊相连的主馆东侧入口。

2010年，主馆"改头换面"成为专业佛像展示馆"奈良佛像馆"。这是该建筑121年来首次实施的正式的展厅改建计划，将其建设成真正意义上的展厅，旨在向新一代传承宝贵的建筑遗产的同时，打造便于参观者观赏、利于佛像保存的良好展厅环境。鉴于该建筑作为文化财产的珍贵性，必须保存原有外观和主体设计，内壁和顶棚也不可变动。于是，我们仅在原有墙壁上新建内壁，通过百叶窗式梁柱支撑方式打造全新的嵌入式无柱内部空间。经过装饰性改建，原有顶棚设计更加醒目。设置可调光顶灯，在佛像展示期间，可随展示物灵活调节照明效果。本次改建拆掉中央三大房间内的玻璃展示柜，并将防震台上的佛像群进行了单独陈列，便于参观者近距离观看。为方便老年人观赏，新建壁面和柱子均采用传统淡樱色涂装，不仅提升了空间整体亮度，还营造了一种在樱花盛开之境观赏佛像之感。东侧的过道与之相反，刻意削弱自然光感，打造昏暗的环境，旨在营造佛像光芒渐远渐淡的意境。

本次建筑建设重在强调"时代传承感"，使人在感受建筑的历史厚重感的同时，观赏日本飞鸟时代至镰仓时代的优秀佛像作品。

（栗生明）

（翻译：林星）

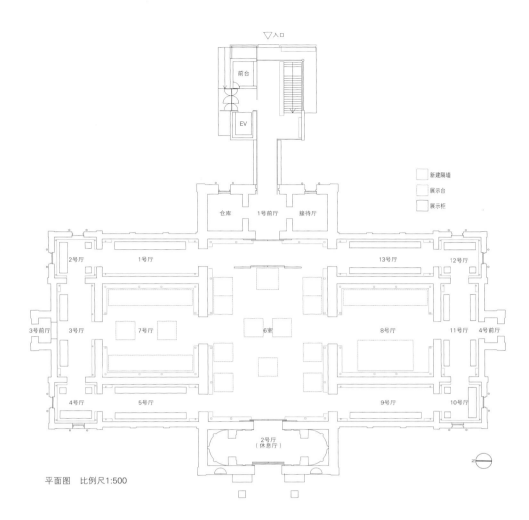

平面图　比例尺1:500

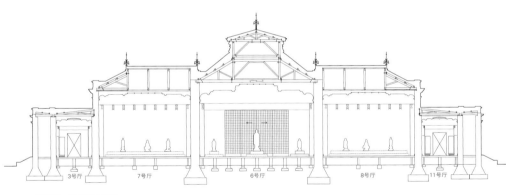

剖面图　比例尺1:500

入口。通向展厅的昏暗通道

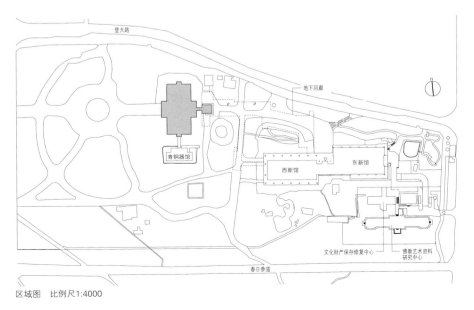

区域图　比例尺1:4000

春日大社国宝殿

设计 弥田俊男/弥田俊男设计建筑事务所 城田建筑设计事务所
施工：大林组
所在地 奈良県奈良市
KASUGATAISHA MUSEUM
architects: TOSHIO YADA / TOSHIO YADA ARCHITECTS SHIROTA ARCHITECTS OFFICE

从南侧看向人行道和前方的国宝殿。春日大社每20年进行一次定期翻修。此次翻修将1973年由谷口吉郎设计建成的"宝物殿"改建成春日大社国宝殿。宝物殿室内重新规划参观路线、新建抗震墙并在H形的平面空间中央新建大厅，流程式台式建筑的1层显得更为通透。室外新建公交车站和公共卫生间

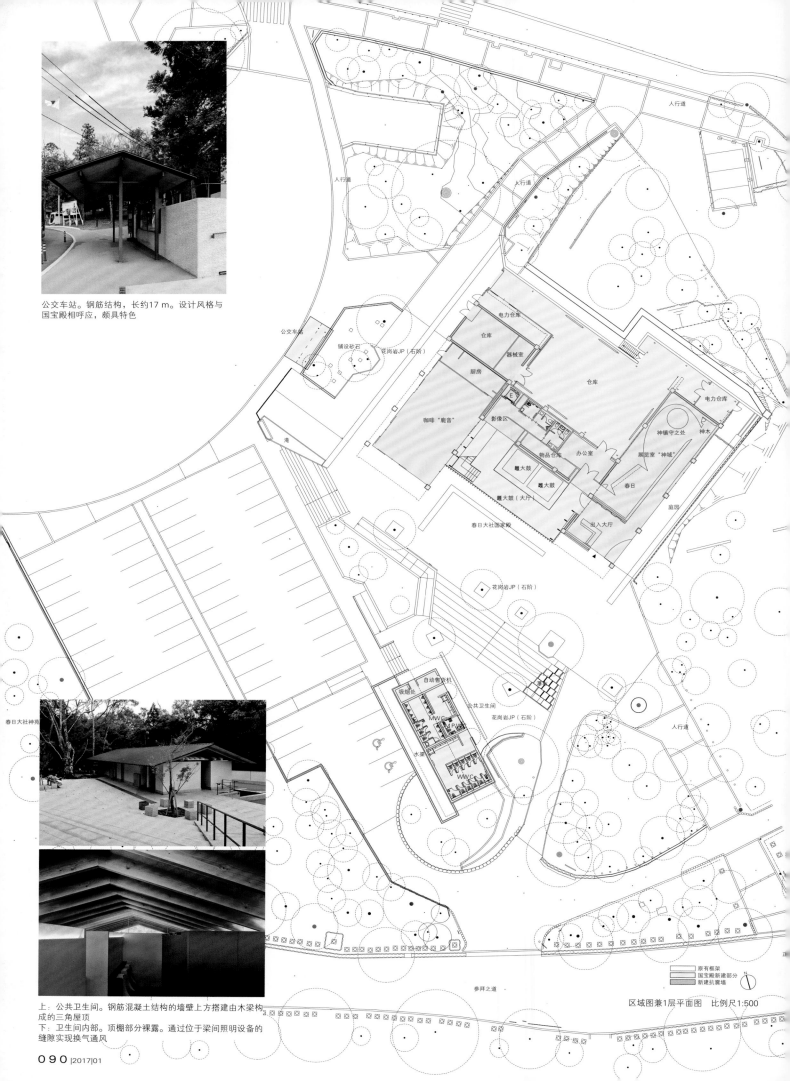

公交车站。钢筋结构，长约17 m。设计风格与
国宝殿相呼应，颇具特色

公交车站

铺设砂石
花岗岩JP（石阶）

滝

咖啡"鹿音"

影像区

電大鼓

電大鼓

電大鼓（大鼓）

春日大社国宝殿

电力仓库
仓库
器械室
厨房
仓库
E
办公室
物品仓库
神镇守之处
神木
展览室"神域"
春日
庭园
出入大厅

花岗岩JP（石阶）

自动售货机

吸烟处
MWC
MP WC
水泵
WWC

公共卫生间
花岗岩JP（石阶）

人行道

人行道
人行道
人行道

春日大社神苑

上：公共卫生间。钢筋混凝土结构的墙壁上方搭建由木梁构
成的三角屋顶
下：卫生间内部。顶棚部分裸露。通过位于梁间照明设备的
缝隙实现换气通风

参拜之道

原有框架
国宝殿新建部分
新建抗震墙

区域图兼1层平面图　比例尺1:500

神社的翻修　建筑的继承与重生

春日大社收藏有日本国宝级文物352件，重要文化财产971件，收藏数量居日本第一。由于这里供奉着多件古老的宝物，因此也被人们称为"平安时代的正仓院"（正仓院是日本奈良时代收藏各种宝物的建筑）。春日大社自建成以来，每隔20年便会进行一次"式年造替"（意为在举行祭祀仪式之年进行翻修）。在2015年至2016年的第60次翻修之际，春日大社启动了本次的翻修项目，将谷口吉郎氏于40多年前（1973年）设计完成的"宝物殿"进行改造，同时修整宝物殿周围的景观，使宝物殿以新的面貌重生。在改造"宝物殿"的过程中，我们尽量保留并挖掘原有建筑的魅力。高桩承台式的1层部分仅留下柱子，提高通透感。在改动参观路线的同时新设抗震墙，使穿过树林来到这里的人们能够在感受到自由、轻快的同时，感受到我们呵护、传承国宝的决心。原来的室外空间被纳入室内，改造成新的展览区域"神域"。这里的入口以及黑暗之中的水和光仿佛都能让人感受到神的存在。为了不破坏宝物殿的氛围，我们为左右非对称的H形平面空间前后部分做了新的安排，其正面是延伸了原有屋檐的"鼍大鼓大厅"，背面在原有的基础之上建起悬山房檐，防护所需仓库。鼍大鼓大厅所展示的是实际用于春日若宫祭（春日大社的祭祀仪式之一）的鼍大鼓。透过大厅的百叶窗，过往的参拜者可以感受鼍大鼓的灿烂夺目。傍晚时分，大厅的灯光毫不保留地透过百叶窗柔和地照亮窗外。曾经封闭在丛林深处的宝物殿经过翻修已经成为一个开放的国宝殿，面向人来人往的广场。如今，越来越多的近代优秀建筑被破坏，基于这样的现状，我们努力想要在这春日大社的土地上，通过翻修继承原有建筑，同时使其焕发出新的魅力。在现代社会中，我们应该对神灵、对存在于自然界中的一切事物心存敬畏。此次我着手"春日大社国宝殿"重生计划，便是为了能让更多的人感受到国宝殿的魅力，为宝物所承载的美好所感动，进而拥有一颗敬畏之心。

（弥田俊男）

（翻译：张金凤）

西侧视角。近处为1层的咖啡厅。被两栋悬山式建筑夹在中间的百叶窗部分为鼍大鼓大厅

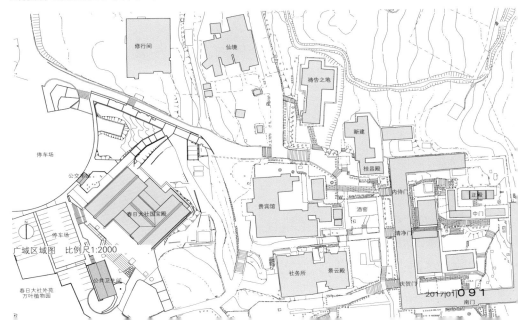

广域区域图　比例尺1:2000

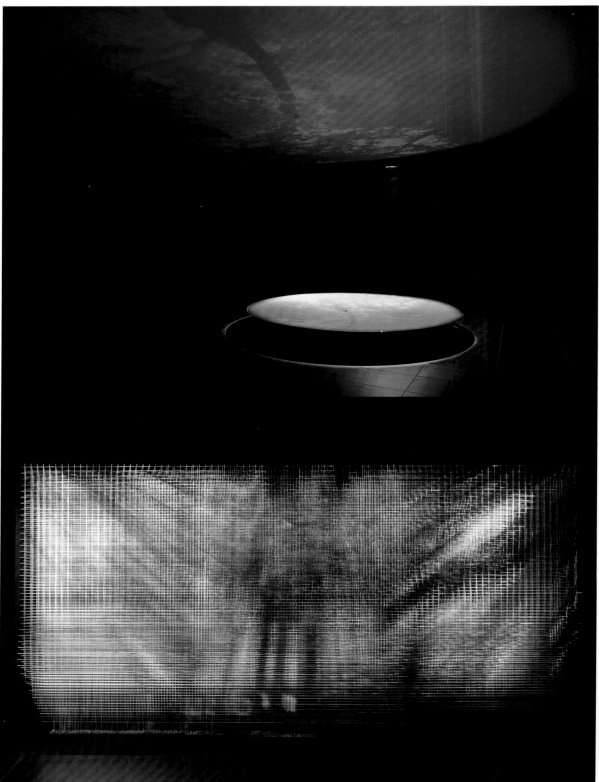

进入国宝殿入口处大厅，首先映入人们眼帘的便是春日杉（杉树的一种）图案的壁面，与春日大社名字相呼应，仿佛在欢迎人们的到来。白色铝片板制成的顶棚，颜色渐渐变淡，仿佛在邀人们走近"神域"，邀人们去黑暗中感受神的存在。"神域"区域包括参观入口处的"参道'神木'""神镇守之处""春日"，由冈安泉、尾崎文雄、弥田俊男策划。将春日大社的景色制成影像的这一想法由冈安泉、福津宣人提出。

（弥田俊男）

神镇守之处
直径2800 mm，高300 mm的水盘就像一个大屏幕，不断放映春日大社实拍的景色图像。有时，从顶棚上落下一滴闪光的水珠，溅在水面上泛起层层波纹。水面屏幕的图像也会反映出这一现象带来的变化，进而反射到顶棚上，为人们展现一幅叹为观止的画卷。在黑暗之中，水盘之水和顶棚之光静静地包围着人们。

春日
将不锈钢丝编成网格状，每隔5 cm设置一张这样的网格，一共叠加10张，这是一个特别订制的大屏幕，宽5 m，高2.5 m。在这个投影面上，播放春日大社实拍的景色视频。在不锈钢丝制成的网格上，春日大社的景色被分解成光的粒子，上下左右不断位移，从整体上可以读取出画面。在黑暗中，将一片色彩斑斓的光学影像呈现在人们眼前。

左："神木"。从入口渐渐走近"神域"，走廊也越来越暗，在走廊尽头的墙面上，装饰着一棵铜制神木/右：出入口大厅。顶棚的白色铝片板仿佛要将人吸进去一般，依次倾斜排列

原设计：谷口吉郎
设计：建筑：弥田俊男/弥田俊男设计建筑事务所
　　　　　　城田建筑设计事务所
　　　结构：OHNO-JAPAN
　　　设备：森村设计
施工：大林组
用地面积：928 134.00 m²
建筑面积：1222.09 m²
使用面积：1858.28 m²
层数：地上2层
结构：钢筋混凝土结构　部分为钢架结构
工期：2015年6月~2016年9月
摄影：日本新建筑社摄影部
（项目说明详见第167页）

新建的鼍大鼓大厅。空间内没有任何柱子，顶棚高6.5 m。面向境内的墙体由玻璃和间隔为364 mm的钢百叶构成，形成一道铝制幕墙。钢结构龙门架的长边（100 mm×400 mm）由4根钢架组成，间隔1.6 m。大厅内外地面均铺设花岗岩

看向鼍大鼓大厅。设置单坡屋顶，形成延长原有屋檐的视觉效果，与境内大自然风景巧妙地融为一体

左上：鼍大鼓大厅。长16.75 m。降低地板高度以配合大鼓的高度/左下：咖啡厅。在已有的梁之间安装呈倾斜状相互交错的天花板/右：2层大展览室。顶棚高约4.5 m~9.0 m。打磨原有的地板进行再利用，新增展示柜

设置多个门式钢架组成一个大空间

　　鼍大鼓大厅三面被原有建筑包围，是一个长16.75 m的开放式空间，空间内没有任何柱子支撑。屋檐高度过高会影响美观，下挖过深会触碰到原有建筑的地基。因此，在这个被三面包围，高度和深度受限制的空间里，要展示高6.5 m的大鼓，就必须尽可能创造宽阔的空间。为此，需要我们考虑相应的结构。如果室内结构体的截面越小，那么地震来临时建筑物的晃动幅度就越大，因此，需要与原有建筑保持较大的距离。这样一来，室内空间会受到压迫，而且，还会使得室内空间变形，影响原有建筑与新建部分的一体感。因此，我们考虑了一种方案，即排列多个门式钢架来构成室内空间。具体采用100 mm×400 mm的实木材料作为柱子，每隔1.6 m设置一个梁，通过这种方式减少地震等导致的变形。柱和梁均裸露出来，使室内空间实现最大化。虽然支撑起玻璃墙和铝百叶会导致最前方的梁产生变形，在设计中我们也努力解决了这一问题。

（大野博史/OHNO JAPAN）

2层平面图　比例尺1:500

东北侧视角。新旧悬山房檐连在一起。屋檐铺设金属板

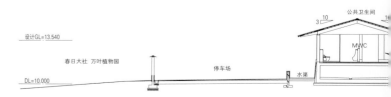

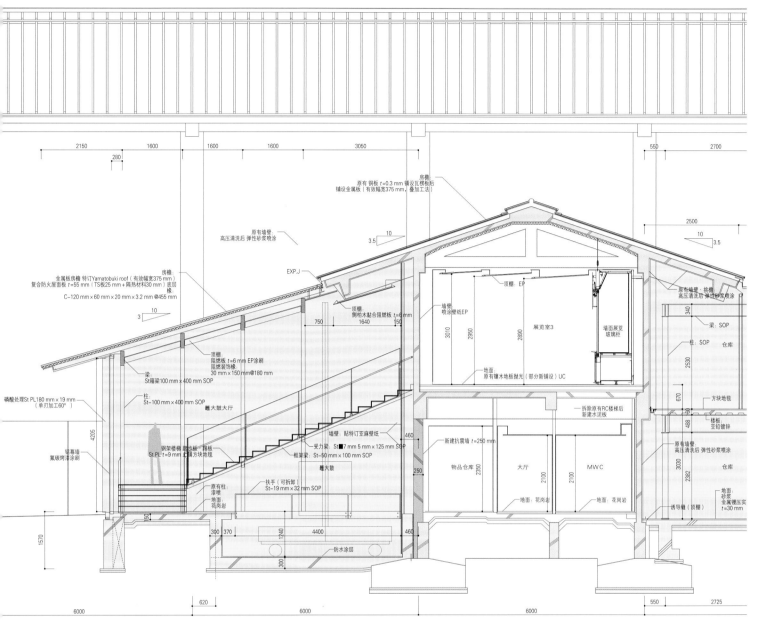

原有 铜板 t=0.3 mm 铺设瓦楞板后
铺设金属板（有效幅宽375 mm，叠加工法）
房檐

原有墙壁
高压清洗后 弹性砂浆喷涂

金属板房檐 特订Yamatobuki roof（有效幅宽375 mm）
复合防火屋面板 t=55 mm（TS板25 mm＋隔热材料30 mm）底层
椽
C-120 mm × 60 mm × 20 mm × 3.2 mm @455 mm

EXP.J

顶棚：EP

原有墙壁·挑檐
高压清洗后 弹性砂浆喷涂

顶棚
侧柏木黏合阻燃板 t=6 mm

墙壁：
喷涂壁纸EP

梁：SOP

柱：SOP

仓库

顶棚
阻燃板 t=6 mm EP涂刷
阻燃装饰椽
30 mm × 150 mm @180 mm

展览室3

墙面展览
玻璃柜

方块地毯

梁：
St箱梁100 mm × 400 mm SOP

柱：
St-100 mm × 400 mm SOP

轟大鼓大厅

地面：
原有镶木地板抛光（部分新铺设）UC

楼板
亚铅镀锌

磷酸处理St PL180 mm × 19 mm
（单刃加工60°）

墙壁：贴特订亚麻壁纸

拆除原有RC楼梯后
新建水泥板

铝幕墙
氟碳烤漆漆涂刷

钢架楼梯 踏步板·翘板
St PL t=9 mm 上铺方块地毯

受力梁：St■7 mm 5 mm × 125 mm SOP
框架梁：St-50 mm × 100 mm SOP

新建抗震墙 t=250 mm

原有墙壁
高压清洗后 弹性砂浆喷涂

仓库

原有柱
漆喷
地面
花岗岩

轟大鼓

物品仓库

大厅

MW C

扶手（可折卸）
St-19 mm × 32 mm SOP

地面：花岗岩

地面：花岗岩

地面：
砂浆
金属镀压密实
t=30 mm

防水涂层

诱导雏（顶棚）

局部剖面详图　比例尺1:100

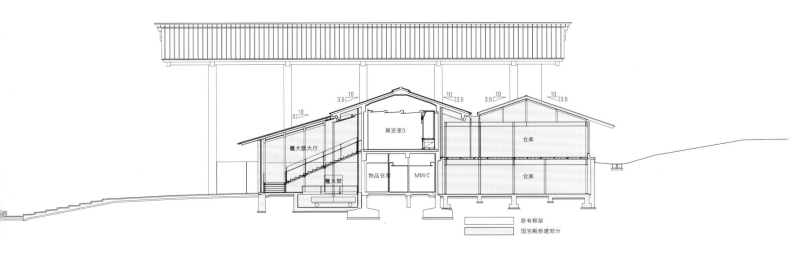

展览室3

仓库

轟大鼓大厅

物品仓库

MW C

仓库

轟大鼓

原有框架

国宝殿新建部分

进深剖面图　比例尺1:300

芝浦社区建设中心

设计 芝浦工业大学西泽大良研究室
施工 泰进建设 + 八十堂
所在地 东京都港区
CITY MUSEUM SHIBA—URA
architects: NISHIZAWA LABORATORY IN SIT

内观。该中心由芝浦地区一座建成50年的仓库改建而成。主要供学生们在这里发布港湾地区的调查结果、举行展会及面向公众的教育活动等。中央处放置两张大桌

仰视顶棚。与原有建筑中梁的位置相对应，装修铝合金百叶吊顶，
铝合金材料呈弯曲的L字形，厚1.5 mm，相邻两片铝合金的距离为
80 mm

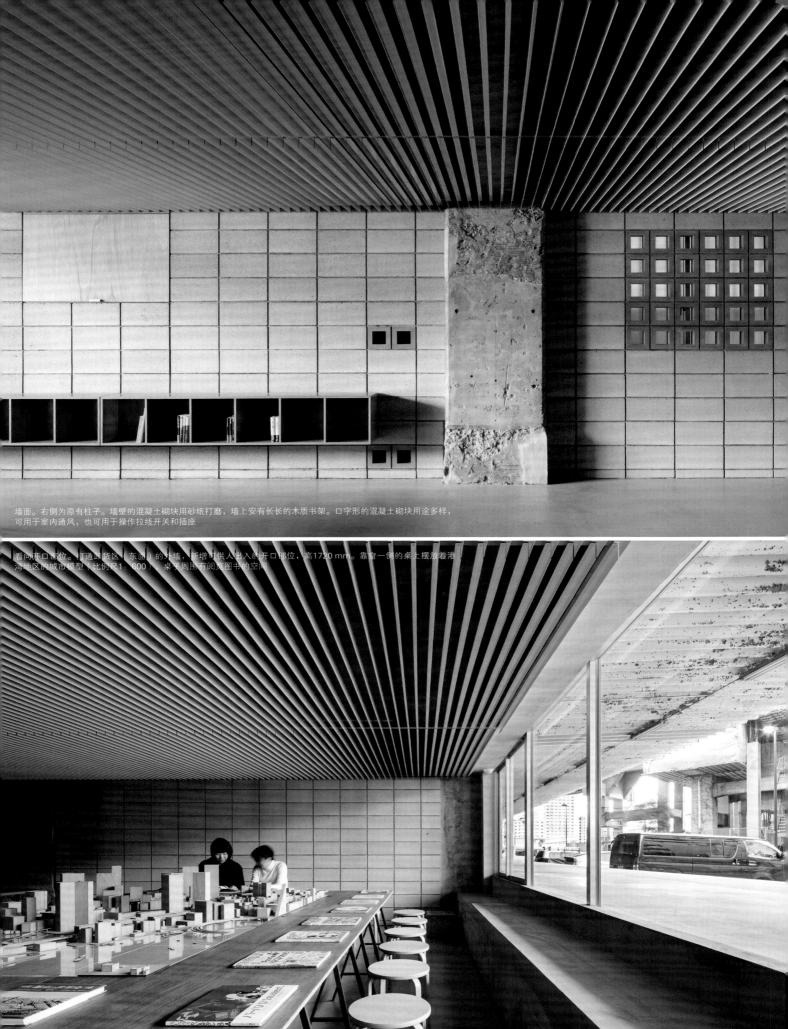

墙面。右侧为原有柱子。墙壁的混凝土砌块用砂纸打磨，墙上安有长长的木质书架。口字形的混凝土砌块用途多样，可用于室内通风，也可用于操作拉线开关和插座

看向开口部位。打通卸货区（东面）的外墙，新增可供人出入的开口部位，高1720 mm。靠窗一侧的桌子上摆放着港湾地区的城市模型（比例尺1：600），桌子周围有阅览图书的空间

看向开口方向。近处的桌子用于举办公开研讨会和内部会议
等教育活动（设有影像屏幕）

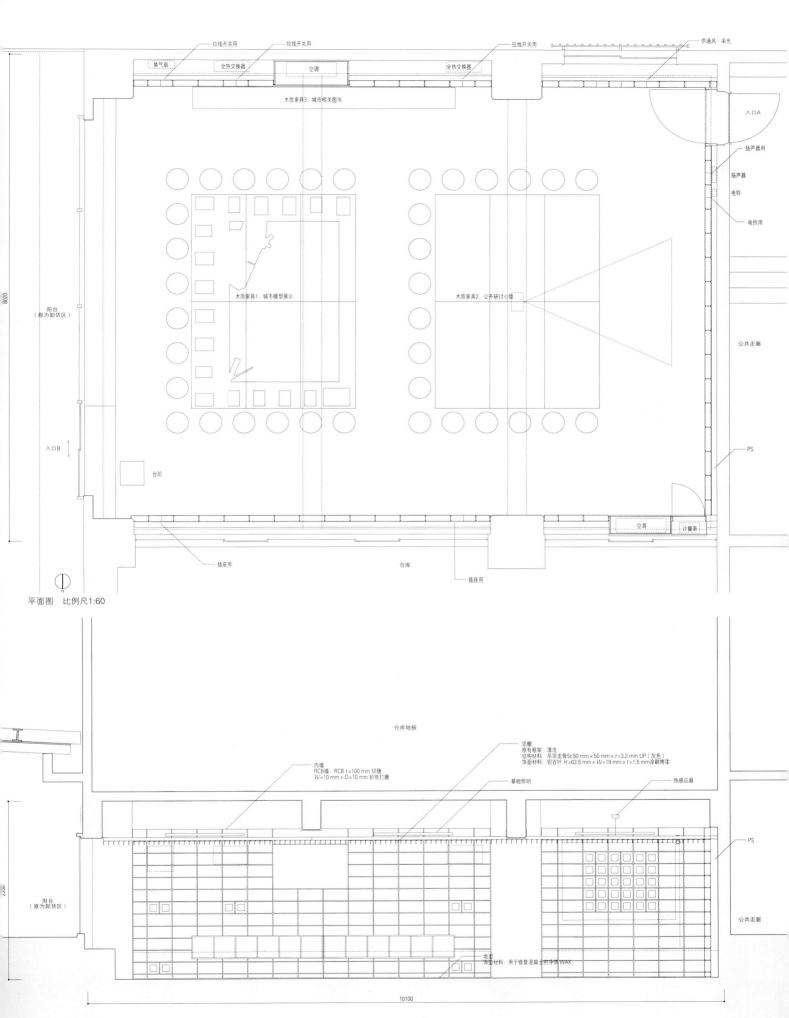

拉线开关用   拉线开关用   拉线开关用   供通风·采光

换气扇   全热交换器   空调   全热交换器

木质家具3 城市相关图书

入口A

扬声器用

扬声器

电铃

电铃用

木质家具1: 城市模型展示   木质家具2: 公开研讨小组

公共走廊

阳台
(原为卸货区)

入口B

台阶

PS

空调   计量表

N

插座用   仓库

插座用

8020

平面图   比例尺1:60

仓库地板

顶棚
原有框架 清洗
结构材料 吊顶龙骨St 50 mm×50 mm×t=3.2 mm UP (灰色)
饰面材料 铝百叶 H=63.5 mm×W=19 mm×t=1.5 mm涂刷烤漆

内墙
RCB墙: RCB t=100 mm 切缝
W=10 mm×D=10 mm 砂纸打磨

基础照明

热感应器

PS

阳台
(原为卸货区)

公共走廊

地面
饰面材料 用于修复混凝土的净浆 WAX

10100

剖面图   比例尺1:60

东侧晚景。以社区为本的城市博物馆坐落在大型仓库的一角。人们可从卸货区的开口部位进入，也可从馆内左侧靠里的入口进入

设计：建筑·设备：芝浦工业大学西泽大良研究室
　　　结构：金箱结构设计事务所
施工：泰进建设＋八十堂
用地面积：82.0 m²
层数：地上1层
结构：混凝土砌块结构
工期：2016年1月~2016年3月
摄影：日本新建筑社摄影部
（项目说明详见第166页）

区域图　比例尺1:8000

CITY MUSEUM

西泽大良（建筑师）

社区建设中心

　　"社区建设中心"位于港湾地区一个旧仓库的一角。这个项目由东京芝浦地区一家经营仓库的企业和同地区的芝浦工业大学西泽研究室共同启动。2014年4月以来，双方多次对港湾地区进行调查，并开办展会，最终促成了"芝浦社区建设中心"的成立（2016年10月起面向公众开放，来馆需提前预约）。

　　社区建设中心这一说法是英语"CITY MUSEUM"的意译（直译则是城市博物馆）。在欧洲，有很多致力于城市可持续发展的城市博物馆（例如巴黎、汉堡、柏林等地）。这些城市博物馆中既有新建建筑，也有改建建筑，它们的业主有些是自治体，有些是NPO（非营利组织）。像这样的城市博物馆在日本还不常见，但它们的存在有合理的由来可寻。

　　个人认为，城市博物馆的起源应是区域规划大师帕特里克·盖迪斯所构想的爱丁堡瞭望塔。盖迪斯提出将世袭贵族城堡中的一部分改建成城市研究所，这是一个伟大的提议。这项提议的目的是，让苏格兰的新主人，也就是苏格兰的市民能够认识到18~19世纪苏格兰所发生的翻天覆地的变化（对盖迪斯来说，城市规划专家也属于苏格兰市民）。因此，该瞭望塔兼具三个功能：一、能够将街景一览无余，有观察、监视的瞭望功能；二、能够密切关注到城市各个角落，广泛记录、收集城市的变化；三、能够提升市民素养，促进城市未来发展的教育功能。这三个功能在今天欧洲各地的城市博物馆中也有体现，如城市模型展览室（或展望台）、图书资料室、市民大会（或礼堂）等（条件允许的地方还会增设画廊、咖啡厅等）。而"芝浦社区建设中心"则是简化了这些项目，用三个大型木质家具作为替代。

　　馆内有两张大桌和一个长长的书架。1号桌用于展示城市模型。2号桌用于教育活动。长长的书架上则摆放有相关图书（阅览区即1号桌的四周）。当地学生，他们是未来的建筑家、未来的城市规划专家，由他们负责制作城市模型并选购相关图书，根据城市的变化有时可能需要改动模型，还可能需要添加相关的书籍以了解情况。2号桌可供学生们定期举办面向学生和普通公众的教育活动（如公开研讨会、谈话会等），对周边地区的发展进行说明。

周边环境

　　约10年前起，周边的港湾地区不断加大开发力度。城市的港湾地区，其现代化进程一般都要先于内陆地区，率先成为城市现代化的能源基地、物流基地以及制造基地。因此，一旦发生战争，首先遭到破坏的便是港湾地区，战后的重建也是首先从港湾地区开始着手。可以说，港湾地区是现代城市的核心，不可或缺。因此，在现代，如果港湾地区发生了重大变化，那么这就是内陆地区发生变化的前兆。

　　包括芝浦地区在内，G7各国（七国集团，或称"西方七大工业国"，即：加拿大、法国、德国、英国、意大利、日本、美国）的港湾地区都在推进新城的建设，超高层建筑鳞次栉比（如塔式公寓、塔式写字楼等）。19世纪后半期的港湾地区是能源基地、物流基地，制造基地。然而进入21世纪以后，港湾地区不再发挥这样的作用，而是转变为新城（当然，这一变化存在一个大背景，如2000年左右，过半的物流基地因物流革命而作废。此外，20世纪90年代G7各国制造业衰退，出现了由可再生能源向智能电网的能源战略转换）。

　　问题在于，我们需要了解港湾地区所发生的这些变化在向我们暗示着内陆城市今后的变化，而这些变化具体指的是什么。

　　过去，政府一贯认为内陆城市今后也会建立起超高层建筑群，然而可悲的是，这是一个短浅的思想。从长远的角度来说，今后，新的能源方式、产业结构将会落实到内陆城市的每一个角落。既然港湾地区已经舍弃了现代化发展的模式，内陆城市就不可能再去沿袭那样的发展模式。

　　此外，还有一个本质性问题。由超高层建筑群构建的新城有一个致命的缺点，这个缺点可能要比20世纪60年代日本近郊新城所出现的问题更为严重。由于篇幅关系，在这里无法详述。简单来说，超高层建筑所构建的新城给人们带来的是一种集体生活方式，之所以得以实现是由于有资金的支撑（来自中央银行券和大型银行）。然而，一旦失去这样的保障，人们就会陷入一种风险极高的生活方式中，这将会给后代留下深刻的教训。我想另寻机会深入探讨有关的对策，不过我认为，由社区建设中心研究相关的问题，并寻找解决对策，也是其存在的意义之一。

改建仓库

　　"芝浦社区建设中心"由一座建成50年的大型仓库改造而成。仓库为钢筋混凝土结构，共6层，用地面积9915㎡。在设计过程中，我们充分发挥了旧仓库所独有的魅力。像这样有50年历史的混凝土结构实为难能可贵，而且，它拥有与豪华公寓所不同的另一种美。为了展现这样的美，我们用混凝土砌块堆砌成墙，颜色上也与原有的梁、柱等相协调。顶棚采用铝百叶留缝设计。另外，我们将位于道路一侧的外墙打通，新增出入口，原先的卸货区作为阳台继续使用。考虑到人们会长时间处于室内，经常接触、使用到室内摆设，因此我们选择了木质家具。

　　很遗憾，在原有的仓库建筑中并没有类似展望台的设施。不过，当人们围坐在1号桌旁时，可以透过出入口看到仓库对面的超高层建筑。三个家具的布局也似乎体现出港湾地区今后的位置关系。

（翻译：张金凤）

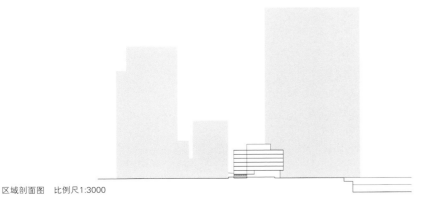

区域剖面图　比例尺1:3000

东侧视角。右侧为芝浦社区建设中心。前方是高层住宅群

福冈市水上公园 SHIP'S GARDEN

设计　松冈恭子/ SPINGLASS ARCHITECTS＋井手健一郎/RHYTHM DESIGN（建筑）
施工　松本组（建筑）西铁GREEN土木（公园）
所在地　福冈县福冈市中央区

FUKUOKA CITY SUIJO PARK SHIP'S GARDEN
architects: KYOKO MATSUOKA / SPINGLASS ARCHITECTS +
KENICHIRO IDE / RHYTHMDESIGN +
S&T INSTITUTE OF ENVIRONMENTAL PLANNING & DESIGN

南侧外观。福冈市水上公园和公园内休息场所。水上公园建于1924年，是福冈市首个街区公园。福冈市现提出名为"天神大变革"（见第112页）的构想，计划在市中心建立滨水景观，将那珂川（九州）及博多川定位为"河川绿地轴"，供人们散步、休息。本次项目便是计划中的一部分

公园内休息场所的天台。再生木板铺设的广场与公园相连。休闲设施为民建民营，公园内其他部分均为官建民营

为市中心增添活力的官民共建建筑

水上公园是福冈市商业中心——天神地区历史最为悠久的街区公园。在福冈市的"天神大变革"构想中，水上公园是首个改建项目。此次改建的焦点是"民建民营"和"官建民营"这两大框架。民建民营，即由民间企业承担建设成本，维持运营，向市政府上缴地租。官建民营则指的是，由市政府承担初期费用，由民间企业负责提出设计方案并维持运营。

我们不希望因建筑物的存在而让公共空间减少。因此，我们将建筑的天台设计成一个任何人都可进出的小广场，形成一个与道路相连的空间。此外，在这块面积不大的土地上，我们尽可能地让每个场所都兼具多个功能，使其能够满足人们对城市公共空间的多样化需求。另外，为将这块土地的用

处发挥到极致，经营者也为我们提供了多个方案。如在1层餐厅靠公园一侧建起透明玻璃墙的厨房。靠河川一侧设置露台餐桌，供人们欣赏水景；在2层公园一侧设置露台餐桌，供人们欣赏绿意；在尖端处两侧临水的位置单独设置一个包间。我们想方设法让水上公园能够供人们随时休息，且具备举办各项活动的功能。

水上公园建在那珂川之上。那珂川曾是代表武士的"福冈地带"与代表商人的"博多地带"的分界线，而在当时，博多商人曾被禁止出入福冈地带。另外，虽说自古以来福冈市北侧海域是通往大陆文化的大门，但是其城市的发展逐渐南下，背离海域。包括河川在内的海滨地区逐渐失去魅力，这成为福冈市发展的一大课题。如今，ACROSS福冈与水上公园隔水相望，绿地与碧水构成这里的美景。

我希望二者的存在能够让人们进一步亲近大自然，让福冈的市中心更加丰富多彩。

（松冈恭子）

（翻译：张金凤）

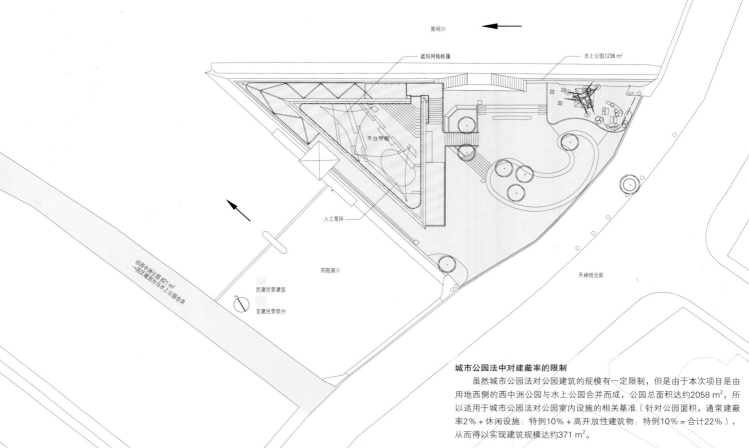

广域区域图　比例尺1:10 000

城市公园法中对建蔽率的限制

虽然城市公园法对公园建筑的规模有一定限制，但是由于本次项目是由用地西侧的西中洲公园与水上公园合并而成，公园总面积达约2058 m²，所以适用于城市公园法对公园室内设施的相关基准（针对公园面积，通常建蔽率2%＋休闲设施：特例10%＋高开放性建筑物：特例10%＝合计22%），从而得以实现建筑规模达约371 m²。

屋顶俯视图兼区域图　比例尺1:600

本次改建项目根据区域规划，将照片中的旧西中洲公园的一部分（821 m²）纳入水上公园内，从而扩大公园面积，增加休闲设施的可建筑面积

■全程监修
建筑·公园：松冈恭子
■建筑
设计：建筑：松冈恭子/SPINGLASS·ARCHITECTS＋井手健一郎/RHYTHM DESIGN
结构：黑岩结构设计事务所
施工：松本组
用地面积：1226.66 m²
建筑面积：371.25 m²

使用面积：626.17 m²
层数：地上2层
结构：钢架结构
工期：2015年11月~2016年7月
■公园
设计：S&T环境设计研究所
施工：西铁GREEN土木
工期：2015年11月~2016年7月
摄影：日本新建筑社摄影部
（项目说明详见第168页）

那珂川和药院新川合流交汇处的用地。民间企业（西日本铁道）在此建立休闲设施，每平方米向市政府交纳900日元

西侧外观。休闲设施位于公园北侧，为钢架结构的2层建筑。公园由福冈市委托民间企业运营，二者签订合同

公园与天台地板相连。本次改建过程中在公园靠前方道路一侧设置长椅，构成一个开放的空间。天台甲板的开放时间为6:00~24:00

左：休闲设施的露台餐桌。近水岸，观赏性高/右上：2层商铺。钢架结构与屋顶板的骨架外露，实现了高顶棚的设置/右下：1层商铺。透过玻璃墙可以看到店内布置

项目	企业负责内容		费用承担		市政府与企业的关系	
	民建民营的休闲设施等	公园其他区域	民建民营的休闲设施等	公园其他区域	民建民营的休闲设施等	公园其他区域
基本计划	基本计划		应征提议者（企业）		提议（企业向市政府提议）	
基础·实施设计等	建筑等基础·实施设计	公园实施设计	市政府（企业在市政府报价范围内提议的价格）		有关建立设施的管理许可（市政府许可企业建立休闲设施）	委托合同（市政府与S&T环境设计研究所签订合同）※
施工	建筑等施工	公园施工	企业（西日本铁道）	市政府（企业在市政府报价范围内提议的价格）		施工承包合同（市政府与西铁GREEN土木签订合同）※
维持管理·运营	管理运营	维持管理	企业及市政府（企业在市政府报价范围内提议的价格）			管理许可（市政府委托企业）※

※由市政府与国际财团的成员签订指定协议合同或由市政府指定成员

项目体制

公园从计划、建设到管理运营始终有民间力量的参与。具体表现为，通过公开提议的方式招募承包企业，企业需要负责水上公园的整体设计、建设工程业务、民建民营休闲设施等的设置以及管理运营业务、公园的管理业务等。经过层层筛选，最终确定由西日本铁道负责本次项目。

负责成员

国际财团

代表企业：西日本铁道

成员：S&T环境设计研究所（公园设计）

西铁GREEN土木（公园施工·维持监理）

合作企业

SPINGLASS ARCHITECTS（整体监修·建筑设计）

RHYTHM DESIGN（建筑设计）

松本组（建筑施工）等

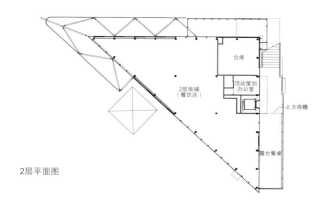

2层平面图

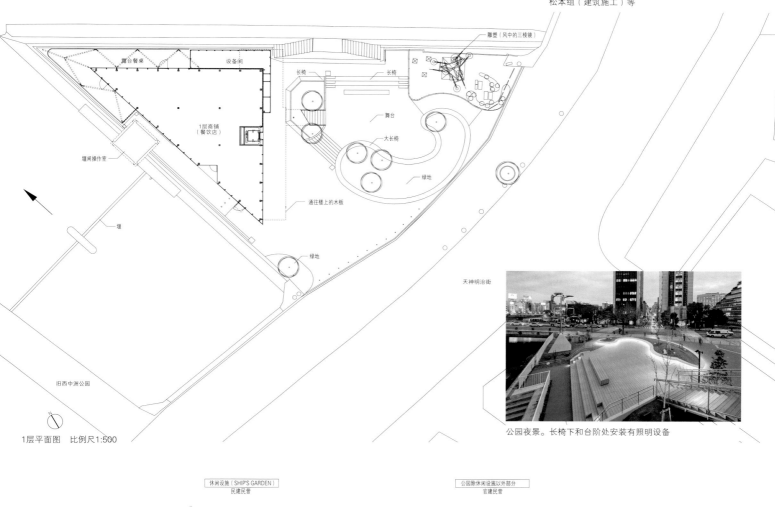

1层平面图　比例尺1:500

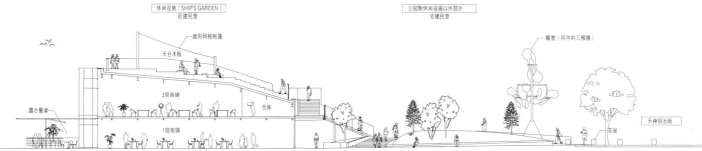

公园夜景。长椅下和台阶处安装有照明设备

进深剖面图　比例尺1:400

打造日本先进城市

高岛宗一郎（福冈市市长）

福冈市所面临的问题和福冈市的未来展望

——首先，您能否能向我们介绍一下"天神大变革"这个构想？

福冈市现人口数量为1 550 000人，居日本全国第五位。自2010年人口普查以来，福冈市人口以每年15 000人的速度在增加。而且，预计今后20年内福冈市人口仍会继续增长。现在，第三产业占福冈市总体的九成以上，政府针对这一特点制定了相应的发展战略和政策。在此背景下，福冈市的旅游和MICE（英文Meeting、Incentive、Convention、Exhibition的缩写，即会展及奖励旅游市场）等领域经济发展都取得了长足的进步。福冈市地方税收已连续三年刷新历史纪录。近五年来，越来越多的企业选择在福冈建立商业据点，有242家企业在福冈建立公司总部或拓展发展领域，创造了近14 000个就业岗位，福冈市的新增企业也连续三年居日本第一。然而另一方面，由此产生的商业需求不断增加，现在福冈市大型写字楼的空室率仅为2%，供给不足问题突出。另外，市中心还有多栋陈旧的大楼需要进行重建，但是现在有很多建筑不适用现行的指定容积率和抗震标准，重建会导致占地面积减少，因此迟迟未能落实。这样一来，由于未能满足企业所要求的安全、抗震且配备最新设备和安保系统的办公环境，很多国际企业放弃了转移至福冈的想法，福冈市因此丢失了诸多大好机会。综上，我们认为福冈市未来的发展关键在于强化福冈市中心的功能。为了清除阻碍城市发展的绊脚石，推动福冈迈向发展的新台阶，福冈市正在积极推进"FUKUOKA NEXT"这一构想，其重点项目之一便是"天神大变革"。"天神大变革"指的是福冈市中心天神地区30栋民间大厦的重建工作，预计在2024年前完成。"天神交叉路口"是天神地区的中心，以其为圆心，半径500 m以内的地区均是"天神大变革"构想的实施范围，面积约800 000 m²。这一构想还有一个副标题，名为"2024天神未来创造"，今后十年内福冈市政府都会致力于改变城市面貌。

畅通无阻、舒适愉悦的市区

——请您描述一下"天神大变革"构想所推进的具体项目。

另外，为了确保各个项目的落实，市政府在法律和支援方面做出了哪些努力？

要推进项目的落实，最重要的就是放宽限制，过去单单是由政府投入资金，如今我们积极利用起放宽限制的权限，将日本国家战略特区所适用的航空法高度限制特别措施和福冈市独有的放宽限制权限结合起来，吸引更多的民间投资。为此，我们正在推行以下政策：1.鼓励建设附加价值较高的大厦；2.增加就业机会；3.打造舒适的公共空间；4.减少私家车出行，鼓励搭乘公共交通。

1.鼓励建设附加价值较高的大厦

福冈市属于日本国家战略特区，适用"航空法高度限制特别措施"。另外，福冈市对容积率和减少停车场停车辆数等制度有自己的政策，将这二者相结合，便可提高大厦设计的灵活程度。这大大鼓励了业主将陈旧的大楼重建成为附加价值较高、抗震性高、安全的大厦的信心。另外，在政策实施区域，福冈市政府还于2015年5月设立了天神BBB（大变革优待政策）。包括底层住宅、开放空地在内，对满足条件的大厦给予放宽容积率限制等政策。条件指的是设计性高、与周围大厦相协调、有绿化带等。

政府与民间共同参与建设，这也是天神大变革构想的一大特征。

2.增加就业机会

近年来，福冈市十分重视吸引企业来福冈建立总部，从而增加就业机会，为此特设辅助金，推进创业政策。

3.打造舒适的公共空间

为了更大地挖掘福冈市的魅力，市政府正在做各种努力。例如，我们已在天神大变革区域的东侧门户建立了两大标志性建筑物。一处是"福冈市水上公园SHIP'S GARDEN"（本杂志第104页），在官民双方推动下吸引商家入驻，为人们呈现出新的公园形式。另一处是在福冈市与波尔多市（法国）友好城市缔结30周年之际建成的世界第三处波尔多葡萄酒吧"Au Bord d'Eau FUKUOKA"，这里是一个经济、文化交流的场所。今后，我们将会积极利用起大名小学的旧址，将其作为天神大变革区域的西侧门户，再将天神大变革的近郊西中洲

街打造成为一个景色迷人的街道，让无论是福冈市市民还是前来游玩的人们都能感受到福冈的魅力。

4.减少私家车出行，鼓励搭乘公共交通

我们正在不断完善交通设施并鼓励人们搭乘公共交通出行。同时，如我前面所述，我们还通过减少停车场停车数量，从而减少进入到市中心的私家车数量。在此基础上不断美化公共空间，进而打造一个以人为本，行人畅通无阻、令人感到舒适愉悦的市区。

从零开始的城市建设

——我们知道除"天神大变革"这一构想外，还有"FUKUOKA NEXT"这一项目，就其中九州大学校区旧址箱崎校区于2016年9月启动的"FUKUOKA Smart EAST"这一构想您能否详细谈谈？

九州大学将于2018年完成将校区由福冈市东区的箱崎迁移至伊都的工程。其实，箱崎校区拥有三大潜在优势。首先是交通十分便利（附近有地铁、JR共三个车站，临近城市高速路出入口，临近机场）；其次是它的土地面积十分广阔，达500 000 m²，且大部分属于九州大学、福冈市的土地；再次，福冈市本身是一个充满经济活力的城市，有着鼓励发展创新的良好氛围。既然箱崎校区有如此多的优势，面积又十分广阔，在它成为空地以后，我们完全可以从零开始规划这一区域的未来。我们希望建设一个先进的城市，这便是我们启动"FUKUOKA Smart EAST"的初衷。现在，日本少子老龄化问题日益严峻，在该项目中，我们借鉴2015年世界经济论坛中"十大城市创新"事例（海外城市建设的先进事例）[*]，并积极利用如无人驾驶、共享经济以及智能家居等先进技术，从而提高市民的幸福感与社会发展的可持续性。在引进先进技术时，必然需要改革或放宽现有的规章制度。在这一点上，福冈市可以利用日本国家战略特区这一制度。另外，要从零开始建设一个现代化的都市，还需要同时考虑需要添加哪些制度来完善建设。

可持续发展的紧凑型城市

——福冈市想通过这些项目描绘一个怎样的城市展望呢？

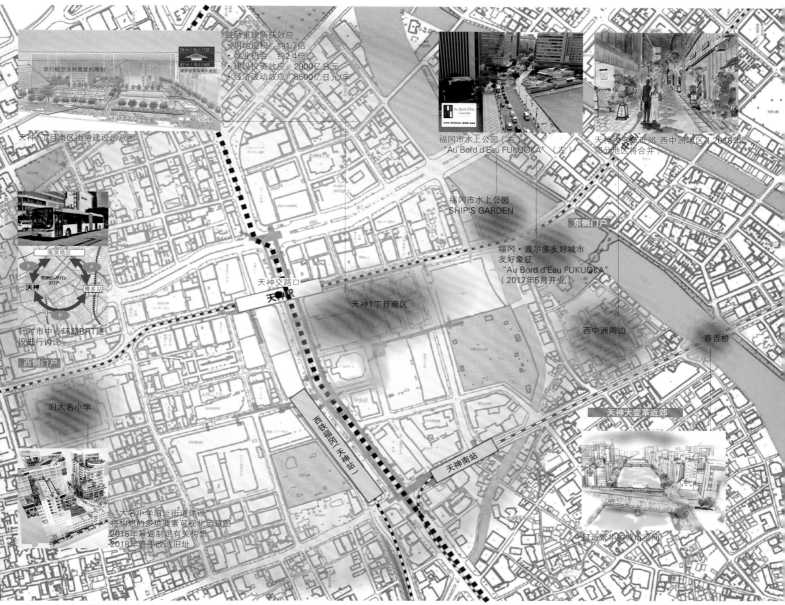

鼓励重建所获效应
· 用地面积：约1.7倍
· 就业机会：约2.4倍
· 建设投资效应：2900亿日元
· 经济波动效应：8500亿日元/年

现行航空法对高度的限制
76 m〔地上17层〕
67 m〔地上16层〕

天神1丁目南区街道建设示意图

福冈市水上公园〔右〕
"Au Bord d'Eau FUKUOKA"〔左〕

天神大变革近郊 西中洲地区〔2018年部分地区将合并〕

福冈市水上公园
SHIP'S GARDEN

东侧门户

福冈·波尔多友好城市
友好象征
"Au Bord d'Eau FUKUOKA"
〔2017年5月开业〕

海滨地区

天神 ← → 博多站

针对市中心环路BRT建设进行讨论

西侧门户

天神交路口

天神站

西铁福区〔天神站〕

天神1丁目南区

西中洲周边

春吉桥

天神大变革近郊

天神南站

旧大名小学

"大名小学旧址街道建设"
将构想的多项要素可视化示意图
2015年筹划制定有关构想
2018年着手改造旧址

打造繁华的城市空间

"天神大变革"构想区域（以天神交叉路口为圆心、半径约500 m内的区域）

福冈市有很多强项，它被指定为日本国家战略特区之一，在紧凑的城市规模下拥有多所大学，吸引了众多年轻人，而且在官民之间没有不可逾越的高墙，可以说是一个充满挑战与机遇的城市。我们可以发挥这些强项，通过放宽规章制度、进行社会实践及时引进革新技术等吸引更多的人才和投资。我们想要提高福冈市的存在感，但不是从传统意义上大城市的视角出发，福冈市的目标是成为一个人与环境相和谐，充满活力的亚洲城市，而不是一个单有庞大人口和经济规模，高楼林立的大城市。希望福冈市能够平衡繁荣经济与高质量生活，率先成为一个紧凑且可持续发展的先进城市，为日本国内城市树立起榜样。

城市高速公路

国道3号线

九州大学箱崎校区旧址

西铁贝塚线

地铁箱崎线贝塚站

JR九州鹿儿岛干线

地铁箱崎九大前站

去往博多站

"FUKUOKA Smart EAST"项目计划中的九州大学箱崎校区旧址

※2015年世界经济论坛（达沃斯会议）发布的"十大城市创新"
1.〔数字化〕可编程化空间
2. 水联网：〔水〕管道网络化
3. 通过社交网络认领一棵树木
4. 下一代人性化交通
5. 三个"共同"：共同发电、共同制热、共同制冷
6. 共享型城市：释放闲置资源能力
7. 应需型交通
8. 麦德林焕发新生：基础设施促进社会融合
9. 智能路灯作为城市感知平台
10. 城市农场：垂直化蔬菜种植

三角港通道顶棚

设计 NEY & PARTNERS JAPAN
施工 大岛造船厂
所在地：熊本县宇城市
MISUMI CANOPY
architects: NEY & PARTNERS JAPAN

此工程为通道顶棚设计，对从JR三角站到三角港轮渡码头的游客起到引导作用，周围的公园与站前空间等都是"三角港港湾海边空间创造工程"的重要建设空间。圆弧状顶棚与轮渡码头相连，将"海边金字塔（熊本县三角港游客中心）"围绕其中

弧形顶棚与海边风景融为一体

从JR熊本站出发乘坐A观光列车大约40分钟便可到达终点站三角站。下车出站之后可以看到1990年建成的海边金字塔与大型停车场。当地正在积极推进"三角港港湾海边空间创造工程"的建设。包括建立海边公园，重新打造车站前的空间等。其中，公园不但可以为当地居民提供活动场地，而且可以用作乘船去往天草的换乘游客的休息场所。此次工程是建设连接三角站与乘船处的通道顶棚。

顶棚为弧形，整体设计简约而大气，在高度设计上也很讲究，考虑到将来可能将其用作汽车站顶棚，也为了确保游客可以从三角站一览海滨风光，将顶棚高度设为4.5 m，除此之外的设计都很自由。配合海边金字塔的几何学设计特点以及周边的海滨风光设计成简约式平板顶棚。支柱以极富厚重感的铸钢为材料，用螺丝连接。支柱上部做成抛物线状，并装有光学玻璃LED灯，下部保留铸钢原貌，与地面自然衔接。灯柱将港口的美展现得淋漓尽致。白

天，支柱矗立在地面，支撑着顶棚，沉稳而大气。夜幕降临，静谧的灯光下，海边的风景变得浪漫起来。建筑为环形主梁设计，支柱顶部用铰链连接，利用圆弧弧度分散压力，使柱芯偏向内侧，从而保持整体协调。远远看去，排列整齐的柱子、简约的弧形顶棚与周围的美景融为一体；近看支柱错落有致，给行人带来一种不规则感以及变化感。

（渡边龙一 NEY & PARTNERS JAPAN）

（翻译：孙小斐）

顶棚由厚12 mm与9 mm的钢板所制成的夹层板构成，全长约200 m，由25根柱子支撑，每根柱子对应宽5 m×长7.5 m的区域。支柱顶部用铰链连接，利用圆弧弧度分散压力，使柱芯偏向内侧来保持整体的协调。支柱长约4 m，上部固定在抛物线上，下部1.2 m保留铸钢原貌

南侧俯瞰视角。可见JR三角站。圆弧状的平面设计是公园的基本建设计划。此计划由熊本大学星研究室与当地咨询公司共同研究决定

铰链连接支柱与顶棚

蜿蜒的白色顶棚将旅客引导至乘船处

支柱顶部装有灯光。每到夜晚，灯光闪闪

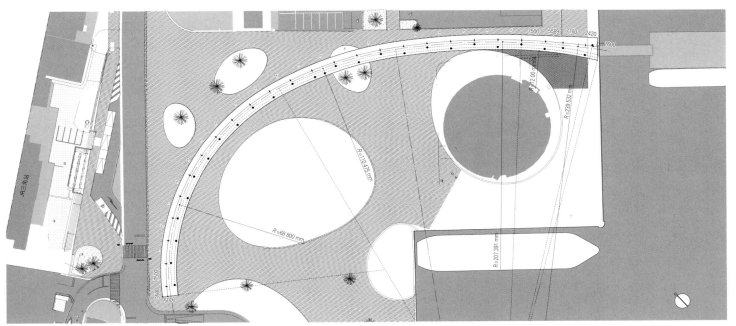

平面图　比例尺 1:1200

从三角站可将大海一览无余，考虑到将来可能要将其用作汽车站的屋顶，故将顶棚高度限定为4.5 m

区域图　比例尺1:15 000

设计：建筑：NEY & PARTNERS JAPAN
　　　结构：Ney & Partners BXL
施工：大岛造船厂
建筑面积：1000 m²
层数：地上一层
结构：钢筋结构
工期：2015年7月~2016年3月
摄影：日本新建筑社摄影部（特别标注除外）
（项目说明详见第168页）

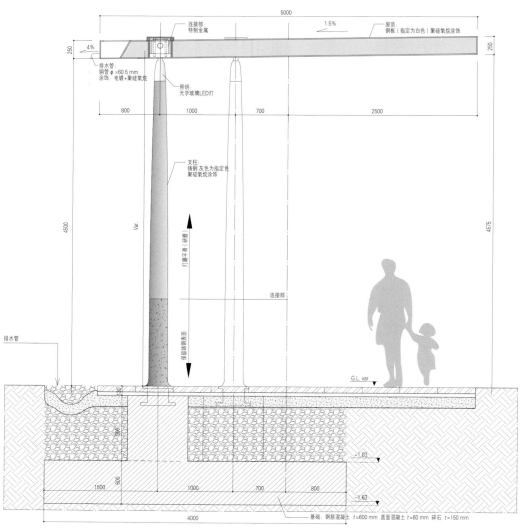

剖面图　比例尺1:50

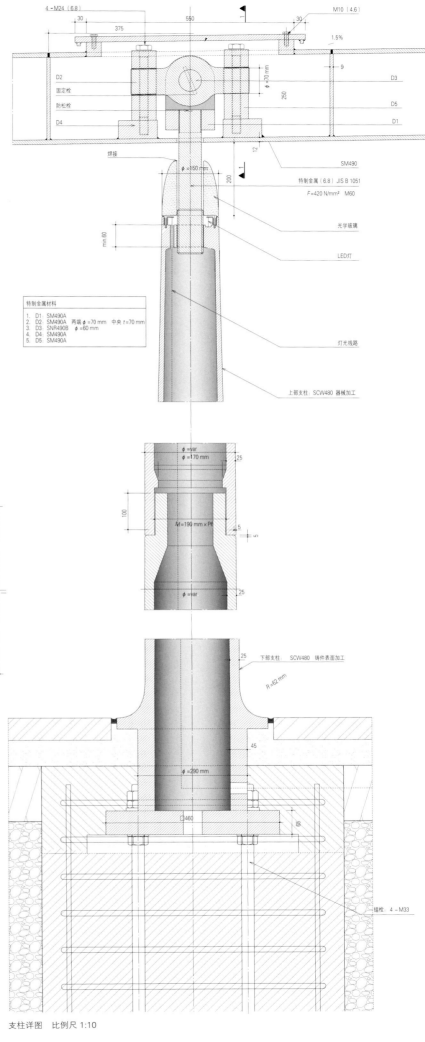

特制金属材料

1. D1: SM490A
2. D2: SM490A 两端 ϕ =70 mm 中央 t =70 mm
3. D3: SNR490B ϕ =60 mm
4. D4: SM490A
5. D5: SM490A

4 - M24（6.8）
M10（4.6）
1.5%
D2
固定栓
防松栓
D4
D3
D5
D1
ϕ =70 mm
焊接
ϕ =150 mm
SM490
特制金属（6.8）JIS B 1051
F =420 N/mm² M60
光学玻璃
LED灯
mm 60
灯光线路
上部支柱：SCW480 器械加工

ϕ =var
ϕ =170 mm
M =190 mm × P6
ϕ =var
100
25
25
5
5

下部支柱：SCW480 铸件表面加工
R =62 mm
ϕ =290 mm
45
460
锚栓：4 - M33

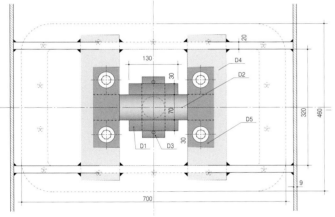

130
30
70
30
D4
D2
D5
D1 D3
20
320
460
9
700

支柱与顶棚接合部分详图　比例尺 1:10

注重结构原理与技术

　　通常设计都是以创意优先，其次再考虑结构方面以及技术方面的问题。这次NEY & PARTNERS JAPAN则是先总结出建筑功能以及建筑要求，再根据具体条件利用相应的结构原理及技术进行设计，无形当中将创意与结构紧密联系在一起。此次圆弧形的设计可以很好地平衡压力，打造平常难以实现的跨距以及漂浮感。柱芯的偏移位置由顶棚下的空间以及圆弧的具体效果决定。每根柱子支撑长7.5 m、宽5 m的顶棚区域。顶棚由12 mm与9 mm厚的钢板所制成的夹层板构成，内部的加强件只设置在横向，如飞机的羽翼一般。顶棚全长200 m，每块夹层板长为7.5 m，共分为26块，夹层板在工厂生产，通过海运到达现场。在柱子建完后，将夹层板摆在柱子上，进行临时固定，之后将柱子顶部与夹层板用铰链连接固定，最后将每块夹层板焊接到一起，简约大气的顶棚由此诞生。

（渡边龙一/NEY & PARTNERS JAPAN）

支柱详图　比例尺 1:10

船场中心大厦改建

设计 石本建筑事务所
施工 熊谷组
所在地 大阪府大阪市中央区
RENOVATION OF SEMBA CENTER BUILDING
architect: ISHIMOTO ARCHITECTURAL & ENGINEERING FIRM

SEMBA CENTER BLDG

3

CENTER BLDG

从堺路本町站看向北侧外墙。1970年为配合大阪召开万国博览会，建立船场中心大厦，该项目由10栋大楼构成，东西方向大约长1000 m，地下是地铁中央线，地上是中央大道，上方是大阪市公路筑港深江线与阪神高速公路，交通极其便利。此处连接着北边（梅田）与南边（难波），为两地交流发挥着重要的作用。该建筑已有40多个年头，外墙已经老化，此次决定对船场中心大厦进行改建

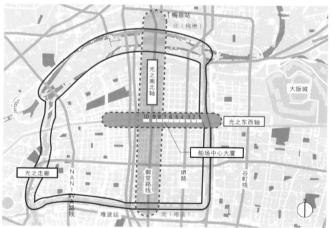

打造2020年大阪光之城的构想　比例尺 1:6000
其中的光之南北轴、东西轴与光之长廊是自2003年开始推进的品牌设计

从船场中心大厦所处的中央大街看向东侧。眼前是中央大街与御堂路的交叉路口，上方与阪神高速公路实现一体化。在立体公路制度（1989年制定）颁布之前，根据道路法不可以私自利用空间建立建筑物等，所有工程必须符合道路占用许可制度的相关规定。船场中央大厦就是获得道路占用许可才修建的。因为占地面积不是特别明确，所以在与大阪市进行协商后确定了新的占地界线，改建工程也是在此界线内完成的

翻修前的外墙

设计：建筑·结构·设备：石本建筑事务所
施工：熊谷组
用地面积：31 248.35 m²
建筑面积：170 324.94 m²
层数：地下2层　地上4层　顶层1层
结构：钢筋混凝土结构　部分为钢筋结构
　　　混凝土（原有）
工期：2013年4月～2015年9月
摄影：日本新建筑社摄影部（特别标注除外）
（项目说明详见第169页）

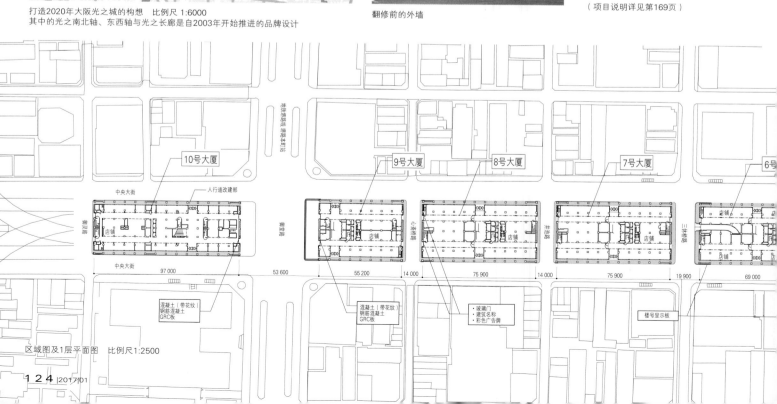

区域图及1层平面图　比例尺1:2500

南北割裂的象征

船场作为曾经的商业中心，聚集了很多商家，是个充满魅力的繁华之地。

现如今，大厦顶端的高架桥把船场分为南（难波）北（梅田）两部分，过去的繁华成为过眼云烟。船场大厦建筑顶部为阪神高速公路跟大阪市公路筑港深江线，地下是地铁中央线。

打造全新的船场

船场中心大厦（1970年竣工）至今已有40多年的历史了，经过岁月的变迁，外墙已经破旧，需要翻新。因为大阪为"纤维之城"，此次工程便以"纺织品"为主题，将外墙设计出柔和的效果，力求打造全新的船场形象。具体来说是首先对原来的外墙进行修缮，在此基础上铺设带有细纹的铝板，将日本和服的元素融入建筑的设计当中，打造船场独特的美。

为城市注入新活力

此工程历时5年，将大阪1000 m长的街景做了一个全新的改变。船场中心支撑着大阪地区的交通大动脉，同时也是珍贵的城市遗产。但是，如今城市空洞化越来越严重，很多地方被闲置下来。因此，此工程旨在为船场中心大厦注入新的活力，重新找回过去的繁荣。

（多田吉宏/石本建筑事务所）

（翻译：孙小斐）

上：御堂路的交叉口。弯曲的铝板正相对。阪神高速公路横跨御堂路的部分大约长53.6 m
下：御堂路上的高架桥。在东西方向上有10栋大厦相连

EMBA
ENTER BLDG

1层外墙设计为细纹状。在混凝土里加入硬化延迟剂，并涂涂厚板制出细纹。2层利用铝制穿孔金属板，每块金属板花纹不尽相同，给人一种新鲜感。大厦东西方向上有一条通道

右上：将2层设计成比墙体凸出1.2 m到1.5 m的弧线状，使建筑充满活力
右下：每栋建筑的颜色等设计不尽相同，各有特色，辨识度高。在通道处安装玻璃幕墙，增加建筑透明感。将管道保护罩摘掉露出排水管

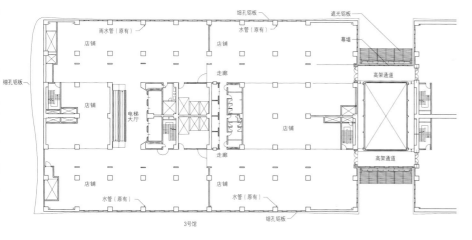

2层部分平面图　比例尺 1:800
蓝线处是改建部分，包括外墙与公用区域

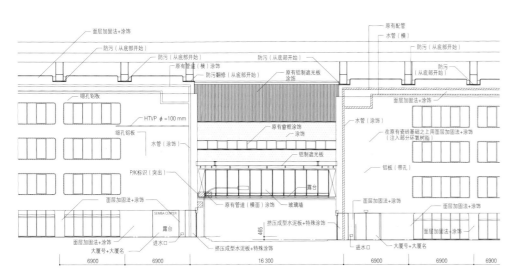

部分翻修处立面图　比例尺 1:400
蓝线与蓝字是新设的部分。在翻修的过程中，不可以改变原本的开口率。

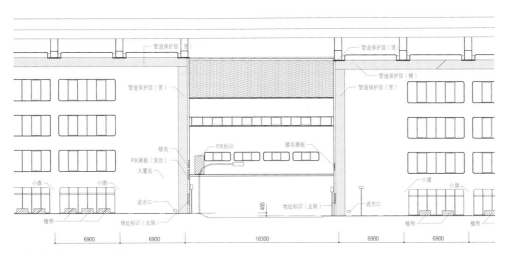

原来外墙的部分立面图　比例尺 1:400
红线以及红字部分是去除部分

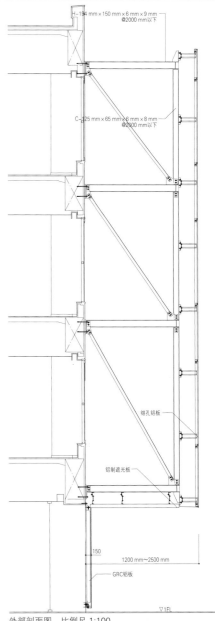

外部剖面图　比例尺 1:100
在距离堺路与御堂路一侧外墙1200 mm～2500 mm处设置挡板

清水建筑 创意研修中心

设计施工　清水建设

所在地　东京都江东区

SHIMIZU MONOZUKURI TRAINING CENTER
architects: SHIMIZU CORPORATION

南侧视角。这是清水建设在东京木工厂新建的一栋2层建筑，是公司年轻的技术员工进行研修和交流的场所。设计风格以明快朴工，打造特色十足的建筑。南面用铝制遮光板调整光照，西侧屋室采用高密度的遮光板，于窗安装百叶窗

2017|01|1 2 9

研修至生京。高9 m的钢结构构空间中，分别包括钢筋混凝工（钢筋框架）、钢筋、预制混凝工的原尺寸模型，在这里员工可以通过观察思考、尝试接触、亲手制作等不断学习与进步。尽量不用空调，通过开窗通风换气

南侧有实物模型与说明板

1层展示区。主要介绍施工流程以及主要施工作品

1层自习室。顶棚未完工，学员可以边看边学习空调、换气设备等的安装方式

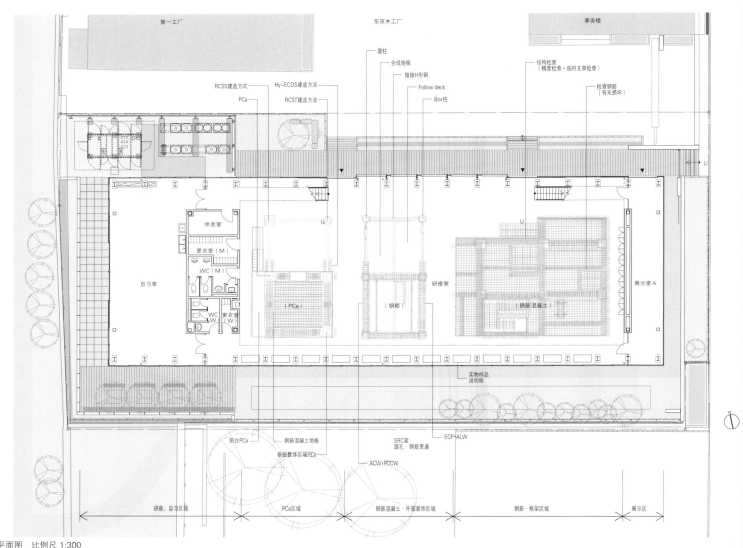

第一工厂　　　　　　　　　　　　东京木工厂　　　　　　　　　　事务楼

RCSS建造方式　　Hy-ECOS建造方法　　圆柱

PCa　　　　RCST建造方法　　合成地板

熔接H形钢

Follow deck

Box柱

结构检查
（精度检查·临时支架检查）

检查钢筋
（有无损坏）

休息室

更衣室（M）

WC（M）

自习室

WC
（W）

更衣室
（W）

（PCa）

研修室

（钢筋）

（钢筋混凝土）

展示室A

实物样品
说明板

阳台PCa

钢筋混凝土地板

嵌板整体区域PCa

ACW·POCW

SRC梁
圆孔·钢筋贯通

ECP·ALW

讲座、自习区域　　　　　PCa区域　　　钢筋混凝土·外部装饰区域　　　钢筋·框架区域　　　展示区

平面图　比例尺 1:300

外部装饰区域。主体结构主要包括三种，分别为PCa（梁柱一体型）、钢结构、混凝土模板结构

教室前方视角。最前边是PCa区域，里边是外部装饰区域。常设原尺寸模型

从2层教室可以看到整个研修室。房间用玻璃隔开，从任何角度都能清楚地看到各种原尺寸建筑模型

俯瞰研修室。每天都会在这里举行研修与参观活动

设计施工：清水建设
用地面积：1325.01 m²
建筑面积：704.92 m²
使用面积：940.53 m²
层数：地上2层
结构：钢筋结构
工期：2016年1月～10月
摄影：日本新建筑社摄影部
（项目说明详见第169页）

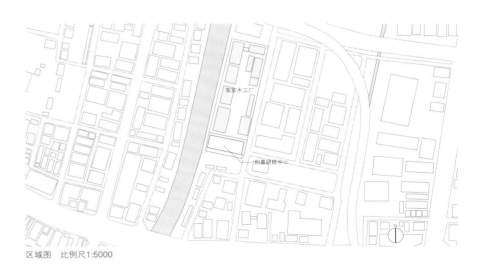

区域图　比例尺1:5000

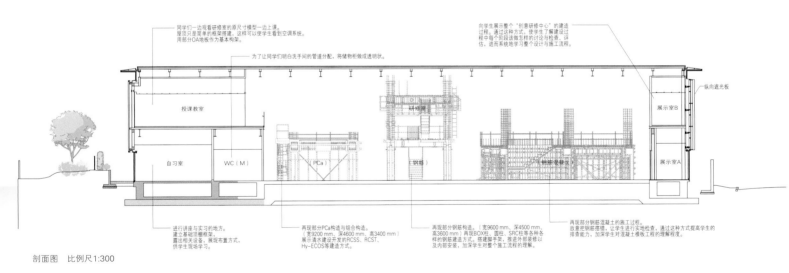

同学们一边观看研修室的原尺寸模型一边上课。
屋顶只是简单的框架搭建，这样可以使学生看到空调系统。
用部分OA地板作为基本构架。

为了让同学们明白洗手间的管道分配，将储物柜做成透明状。

向学生展示整个"创意研修中心"的建造
过程。通过这种方式，使学生了解设计过
程中每个阶段该做怎样的讨论与检查、评
估，进而系统地学习整个设计与施工流程。

纵向遮光板

授课教室　　研修室　　展示室B

自习室　　WC（M）　　（PCa）　　（钢筋）　　钢筋混凝土　　展示室A

进行讲座与实习的地方。
建立基础顶棚框架，
露出相关设备，展示清水建设开发的RCSS、RCST、
供学生现场学习。

再现部分PCa构造与组合构造。
（宽9200 mm，深4600 mm，高3400 mm）
展示清水建设开发的RCSS、RCST、
Hy-ECOS等建造方式。

再现部分钢筋构造。（宽9600 mm，深4500 mm，
高3600 mm）再现BOX柱、圆柱、SRC柱等各种各
样的钢筋建造方式。搭建脚手架，推进外部装修以
及内部安装，加深学生对整个施工流程的理解。

再现部分钢筋混凝土的施工过程。
故意把钢筋搭错，让学生进行实地检查，通过这种方式提高学生的
排查能力，加深学生对混凝土模板工程的理解程度。

剖面图　比例尺1:300

横向视角。现场为了配合学生的研修进行特别的设置与准备

钢筋·混凝土模板施工区域。通过现场亲身体验，学习检查方法

记忆·技术的传承
——建筑公司的人才培养

当麻茂尚（创意研修中心校长） 滨田晃司（创意研修中心副校长）

当麻茂尚（左）和滨田晃司（右）

——您可以谈一下创意研修中心的建设背景以及目的吗？

当麻茂尚（以下"当麻"）：创意研修中心为员工提供学习交流的场所，对象以本公司的施工技术者为中心，包括进入公司3年~5年的年轻员工。在这里学员可以一边观看实物，一边了解建筑架构的基础知识以及施工流程，还可以学习施工质量检验的方法。公司之前是通过讲座以及OJT（On-the-Job Training，指现场教育）来对新人进行培养。但是，当代的建筑出现了复杂化、高度化、大规模化的趋势，技术也在不断进步，每栋建筑要求的建筑水准以及建筑特性也在发生着改变。在这种情况下，年轻员工们仅仅通过讲座以及OJT很难进行系统的学习，因此，除了强化基础知识的讲座与专业性很高的OJT之外，需要引入现场实践环节的指导。在施工研修中心，不但向员工传授多年积累下来的传统技术，同时还会教授一些先进的技术。目前，很多员工只了解部分建筑工序，这是远远不够的，我们旨在通过为员工提供一个全真的模拟环境来培养通晓建筑整体环节的人才。

滨田晃司（以下"滨田"）：创意研修中心建于东京木工厂，这里继承了创始人以及第一代负责人清水喜柱的创意精髓，是我们奋斗的原点。在这里，我们仍然会保持初心，亲自加工木材，并不断追求创新。清水建筑有着完备的教育体系，包括建筑施工、土木、设计、设备、营业、管理、R&D（Research and Development，指研究与开发，即研发）等领域的教育。这里是良好的研修平台，因此不仅是技术部门的员工，希望公司全体员工都积极参与。具体的研修内容以及设施的利用方式还有待商讨，目前的计划是将讲座的时间缩短，争取更多的时间用于现场研修。

——请您谈一下设施的构成以及具体的使用方式。

滨田：创意研修中心主要提供制造体验型研修与品质管理研修。研修中心有授课教室与展示厅，还有原尺寸建筑模型。除此之外，建筑内随处可见外部装饰、内部装饰、设备的原尺寸模型。

关于内部摆设，我们以生产技术总部员工为中心进行咨询，综合建筑施工部、设备部以及相关部门的员工意见。此过程中还加进很多设计创意元素。

事先了解到使用频率高以及重要的建筑结构，将研修中心按照需求设置复合型结构。在现场，员工们可以观察、触摸、亲自尝试。

当麻：创意研修中心由隶属于建筑总部的一个组织负责基本运营，包括设施以及展示内容等的管理。上课以及教育方面主要由人事教育组负责。建筑在2017年4月开放之后，相继对商户、学生、媒体等开放，为他们解说一些较难的建筑工序，希望他们可以了解整个建筑流程。同时，清水建筑也想借助这个机会向公众宣传公司注重人才培养的理念。

——为什么要加大教育投入，积极培养人才呢？

当麻：每个企业都十分重视人才的培养，建筑行业也不例外。但是，现状是很多富有经验的建筑专家都面临退休，再加上少子老龄化等社会问题，建筑界的精英越来越少，所以，我们需要在保证人才数量的同时，不断提高他们的技术水准。人才培养在任何时代都非常重要，在2020年以后，也就是东京奥运会、残运会举办之后，人才将发挥更加显著的作用，所以现在要抓住机会建立研修中心，积极培养人才。

滨田：今后有更多员工会去国外工作，因此，将来我们可能会对研修以及展示内容做出相应的调整。实际上有很多员工刚进公司不久就被派往国外，研修中心可以培养出胜任海外工作的优秀员工。也会有来自海外的员工来到这里进行研修。大家在一起碰撞出思想的火花，即使同样是入职三年的员工，因为他们所处的工作环境不同，每个人对建筑的理解也会不同。可能有员工会感叹"你看他在那么好的地方工作啊"进而会开始焦虑。但是，更多时候通过集体的研修与实践，员工们会不断相互激励，促进彼此的成长与进步。

当麻：OJT不管是过去还是现在都非常重要。小野重记建筑施工系教育委员长经常说"领导要栽培下属，通过现场实践让下属迅速成长"。现在的时代，学员课后交流的机会越来越少，参加可以获得实践技术技巧的OJT的机会也越来越少。所以我们不应该把研修中心建成一座学校，而是应该建成一个实战场地。在这里，不仅年轻人要积极研修学习，授

课人也应该负起传播知识的责任，不断提高自身修养。通过研修，希望所有人都能够得到启发，得到进步。

——最后，请您谈一下今后的课题以及发展前景。

滨田：我们已经设计好了具体的研修内容以及方式，今后也会根据具体情况不断做出调整与改变。观察学员的变化，促进他们不断成长。

当麻：建筑行业不能没有人才。今后，不仅是清水建筑的施工者，希望安装钢筋的工人、高空作业的工人等相关建筑人员都能积极参加研修活动。建筑行业并不是只有一个公司在发挥作用，只有不断加强处于各环节的公司的业务水平，才能提高整体的建筑质量。除此之外，我们不仅要培养年轻员工，还要培养企业的中坚力量。建筑业确实是一个比较辛苦的行业，但是工作过程中我们可以收获创新的喜悦、成就感、充实感。因此我们要学会分享这些感动，把这个行业打造得更有魅力。为了实现这个目标，需要积极传承技术。我们要谨记"创意之清水"也是"人才培养之清水"，以后不断推动"创意研修中心"的发展。

（2016年12月12日于清水建设总公司 文字：日本新建筑社编辑部）

（翻译：孙小斐）

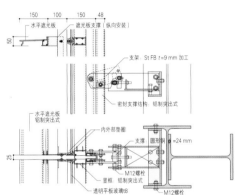

上：东侧视角。照片右侧是门前通道
下：南侧休息区。将原本的松树桩进行重新加工，做成长椅

北侧视角，傍晚景象。
北面用铝框拼接而成，而并不是焊接。部分外部装饰采用利用频率比较高的材料

铝框详图 比例尺 1:20

水平遮光板
遮光板支撑（纵向安装）
150　100　150　48
50
支架：St FB t=9 mm 加工
密封支撑结构：铝制突出式
水平遮光板
铝制突出式
内外部垫圈
支撑 圆形钢 φ=24 mm
25
M12螺栓
竖框：铝制突出式
透明平板玻璃t8
M12螺栓

建筑提供实际动手创造的空间

施工研修中心尽量还原施工现场环境，采用传统施工方式。比如采用玻璃幕墙引进自然光，并采用房檐以及遮光板调节光照。建筑的1层是单侧开的窗户，上部是外开式。尽可能设置多扇可开的窗户来保障自然通风。

通过摸索之前的建筑方式不断进行改进，以下主要提两点。

首先考虑焊接技术人员在不断减少，也为了更省力，此次工程采用非焊接方式。从柱梁结合部到柱子底部以及二次结构材料等都是通过螺栓来固定，因此还可以进行二次利用。使用这种方式，即使没有持有特殊技能以及资格证书的搭建工人也可以进行安装，这种建筑方式将来有望发展到国外。

另一点是关于外部装修。几乎所有的外墙都利用玻璃幕墙和铝型材，以一定单位为基准进行安装。在研修中心，学员们会计算所需框架，尽量减少对铝的裁截，制成简单完整的结构型材。在施工方面，只需要将各单位的玻璃组装到一起便可以完成，今后现场施工也会不断向简单化迈进。

（大桥一智/清水建筑）

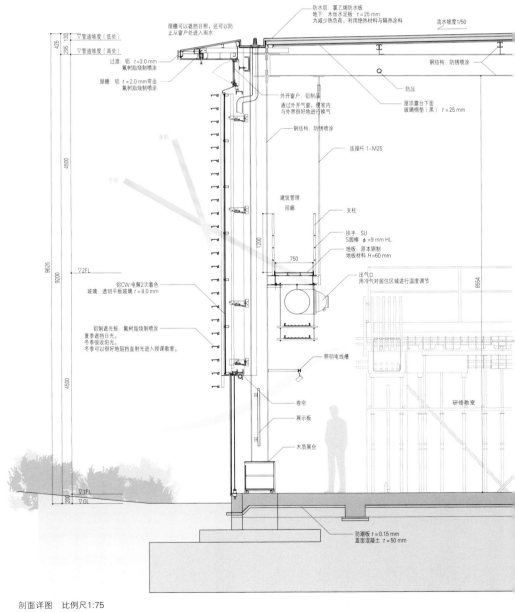

防水层：氯乙烯防水板
地下：木丝水泥板 t=25 mm
为减少热负荷，利用绝热材料与隔热涂料
流水坡度1/50
屋檐可以遮挡日照，还可以防止从窗户处进入雨水
▽管道坡度（低处）
▽管道坡度（高处）
过渡：铝 t=3.0 mm 氟树脂烧制喷涂
屋檐：铝 t=2.0 mm弯曲 氟树脂烧制喷涂
425 130 295 130
钢结构：防锈涂料
防压
屋顶露台下面玻璃棉垫（黑）t=25 mm
外开窗户：铝制窗
通过对外开气窗，使室内与外界很好地进行换气
钢结构：防锈喷涂
连接杆 1－M25
4500
建筑管理回廊
支柱
扶手：SU
S圆棒 φ=9 mm HL
地板：原本钢制地板材料 H=60 mm
1200
750
出气口
用冷气对居住区域进行温度调节
8554
9625 9200
▽2FL
铝CW：电解2次着色
玻璃：透明平板玻璃 t=8.0 mm
铝制遮光板：氟树脂烧制喷涂
夏季遮挡日光。
冬季吸收阳光。
冬季可以很好地阻挡直射光进入授课教室。
研修教室
4500
照明电线槽
卷帘
展示板
木质展台
▽1FL
200
▽GL
防潮板 t=0.15 mm
盖面混凝土 t=50 mm

剖面详图 比例尺 1:75

白河数据中心

设计　日本设计
施工　清水建设

所在地　福岛县白河市
SHIRAKAWA DATA CENTER
architects: NIHON SEKKEI

北侧视角。位于福岛县白河市。该中心设置太阳能烟囱导出上升气流。利用水
冷管将吸进的外部空气进行冷却。改良老式空调系统，使室内空气通过旁通管
与外部空气混合，形成混合空调系统。可自由调控馆内一年四季的温度和湿度

东侧屋顶视角。以中央长廊为中心左右各设计3列建筑，每列两栋，最多可增建至6栋

动态的建筑设计

增加建筑功能区

数据中心根据服务器的需要，设有机房、热源室、受变电室、发电机室、UPS室（不间断电源室）五大功能区，并设有固定的管理部门。我们灵活制定区域计划内的设施空间、人流走向、能源线路等。

数据中心所处的社会环境与职能

随着云计算等IT技术的飞速发展，越来越多的信息涌入数据中心，能源的消耗急剧增加。数据中心可以从两方面提高自身运作能力，实现低能源化以降低环境负荷。一是降低能源中心自身的环境负荷（Green of IT）；二是利用IT技术降低全社会的环境负荷（Green by IT）。

PUE（Power Usage Effectiveness）

PUE是数据中心的能耗评价指标，算法以建筑整体的耗电量比上服务器的耗电量。PUE值越小说明能效水平越好，2012年日本国内平均PUE=1.74，该设备PUE=1.2。

$$PUE = \frac{数据中心整体耗电量}{IT服务器耗电量}$$

使设备与建筑融为一体

降低整体耗电量的重点是空调能源的控制与使用。为了有效利用外部空气，将建筑整体打造成一个"巨型空调"。馆内区域安装减震器改变空气、冷气等通道，整个建筑宛如建在这个"巨型空调"里。不仅是设计，在施工程序上使设备的安装与建筑紧密结合，并且依据CDF（计算流体力学）反复多次进行模拟实验，谨慎决定建筑的内外形态。

（接第140页）

设计：日本设计
施工：清水建设
用地面积：25 359.54 m²
建筑面积：5212.76 m²
使用面积：14 731.91 m²
层数：地上4层
结构：钢架结构
工期：2011年9月~2013年9月
摄影：日本新建筑社摄影部（特别标注除外）
（项目说明详见第170页）

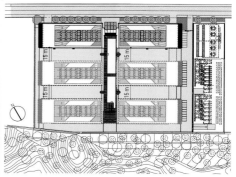

区域图　比例尺1:4000

左上：管理部门走廊全长100 m，也是服务器的搬运通道。天花板为主要线路路径。
左下：门口的雨棚和服务器室上部的烟囱使用同种水平防水百叶窗，采光、通风效果好且防雨防水。
右：门口的休息区正面朝北，落地玻璃窗，利用机房的排热供暖。

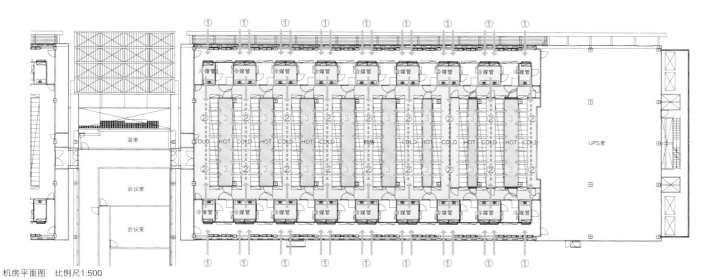

机房平面图　比例尺1:500

机房楼

管理部门

1层平面图　比例尺1：1500

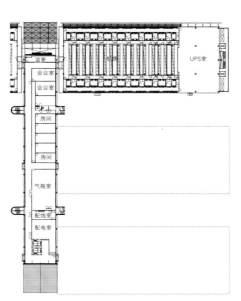

2层平面图

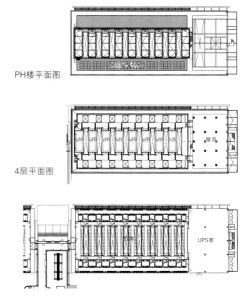

PH楼平面图

4层平面图

3层平面图

降低数据中心的环境负荷

动态的建筑：可以改变的建筑空间

该设施的最大特点是拥有既可导入外部空气又可作为烟囱使用的排气系统，利用自然能源给内部机器降温。机器放置在2层，利用网格地板使空气由下向上通过烟囱排出。可根据外部天气状况调节开口部大小，调整空气流通路径。这就是可以变化建筑内部形态、自动调节内部环境的"动态建筑"，也就是所谓的"灵活的建筑"。

混合空调：兼备自然换气+除湿+排气功能

该空调的设计理念是以利用自然能源为基础，辅助以冷媒管和风扇，因此将其称为自然能源与机器设备并用的"混合空调"。

内部环境条件的考虑：参考ASHRAE（美国采暖、制冷与空调工程师学会）机房

为了加大对自然能源的利用，内部环境条件不遵循以往的"指定温湿度"，采用的是"ASHRAE推荐指标"。混合空调系统共设有六种模式，根据外部空气不同的温度、湿度切换使用。不同模式会使建筑内空气产生不同走向，充分融合外部空气与内部热气，一年四季都可最大限度利用自然资源。由于耗电量不断增大，服务器的温度也在升高。全年83％的热量都靠自然能源得以解决。

（岩桥祐之/日本设计）

（翻译：吕方玉）

上：机房。机房的空气流通线由两部分组成。一部分是由冷却空气环绕机房的"冷通道"部分，另一部分是顺着上升气流排出机器背面和侧面产生的热气的"热通道"部分/左下：仰视烟囱墙视角/右下：维修通道。用于导入外部空气的整面百叶窗墙

冷通道模型图

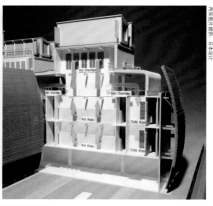

热通道模型图

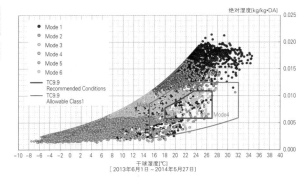

ASHRAE TC9.9 2011数据处理环境热指标
将计划地域每年的外部空气温度与湿度每隔一小时进行测量绘制而成的空气线图。六种模式自动切换，将机房温湿度控制在红框区域内

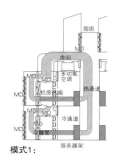

模式1：

高温夏季

关闭导入气口和排气口，使机房内部空气循环流通并用冷媒管进行冷却

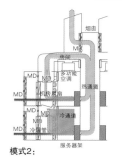

模式2：

高湿夏季（梅雨时期）

利用冷媒管对外部空气进行除湿，并将"除湿、冷却过的外部空气"与"机房内部的热空气"混合，按照减震器（MD）需要调整混合比例

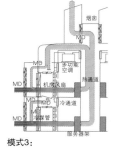

模式3：

温度稍低的过渡期

当外部空气湿度在机房湿度指定范围内时，混合"导入的外部空气"与"机房内部空气"

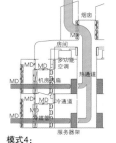

模式4：

温度稍低的过渡期

同模式3，在不必调节湿度的情况下，最大限度导入外部空气，用冷媒管进行冷却

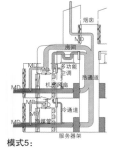

模式5：

温度·湿度稍低的过渡期

将"寒冷的外部空气"与"机房内部的热空气"混合，再将其与经过加湿处理的"机房空气"的内部循环空气进行混合

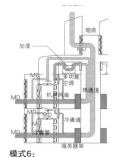

模式6：

湿度稍低的过渡期

同模式5，外部湿度过低时，控制外部空气导入量。同时用冷媒管提高冷却能力

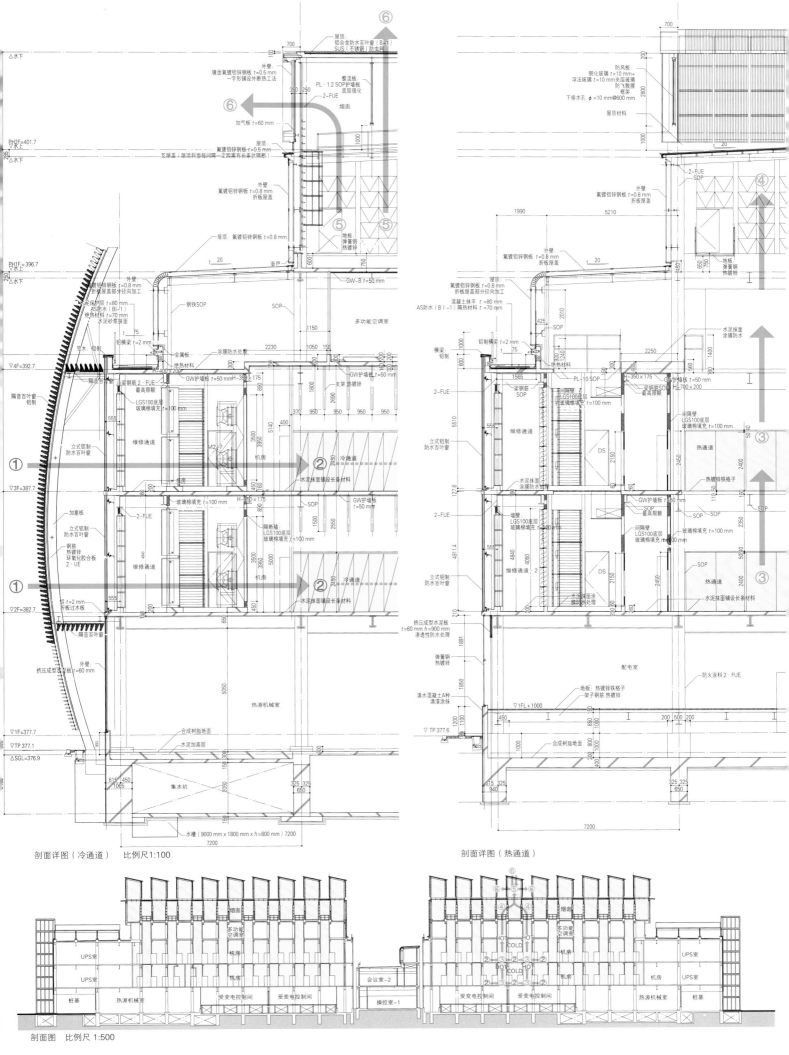

剖面详图（冷通道）　比例尺1:100

剖面详图（热通道）

剖面图　比例尺 1:500

六本木三丁目东地区城市区域再开发项目

住友不动产六本木大型塔式办公楼·六本木大型塔式公寓·六本木大型公共广场

总监修·外观设计监修 | 住友不动产
城市规划·设计·自建设计
施工 | 鹿成·大林建设谷 联营体
所在地 | 东京都港区

SUMITOMO FUDOSAN ROPPONGI GRAND TOWER / ROPPONGI GRAND TOWER RESIDENCE / ROPPONGI GRAND PLAZA
architects: SUMITOMO REALTY & DEVELOPMENT, NIKKEN SEKKEI

北侧俯瞰图。本次再开发项目主要是改建位于六本木大街和放射1号线交会处的原IBM办公大楼和原六本木七子住宅。该区域由两部分组成,高层办公楼,塔式公寓以及公共广场、商业店铺,以"连接"作为基本设计理念,将公寓楼与地上、地下空间紧密连接起来

住友不动产六本木大型塔式办公楼东侧外观。办公楼高约230 m，地上40层，左前方是泉塔式花园，二者由六本木一丁目地铁站的地铁出入口连接。外壁是采用钻石切割技术切割而成的玻璃带墙。28层和29层之间设有抗震结构

住友不动产六本木大型塔式办公楼1层地铁站前广场。地铁通道连接东侧的泉塔式花园、六本木一丁目车站和六本木大街。本次计划重建地铁通道，打造一个拥有三角形空间的站前广场，形成步行通道。左边是办公楼入口，里侧通往步行街

重新打造城市区域

计划区域面积约27 000 m²，包含原IBM办公大楼和原六本木王子饭店。自江户时代起，该区域周边一直保存完好，1960年中心区域铁路整修，将街区进行划分。本项目计划以"再现城市区域关联，打造令人印象深刻的地上地下枢纽空间"为主旨，对该区域进行重建。

除了原来的六本木一丁目地铁检票口之外，还有通往2002年完工的泉塔式花园方向的东检票口，这次新建西检票口，由此四通八达的站前广场

应运而生。另外，对与六本木大街南北相接的今井町地下通道进行改建并加强绿化，将经由站前广场，与泉塔式花园相连的东西自由通道也列入整改计划。计划区域包括东侧的神谷町方向至城山花园、泉花园、六本木三丁目东地区再开发区域一直延伸至六本木大街北侧，形成一个交错相通的步行通道网。

目光转至地上区域。在计划地区南侧设置面积约为1400 m²的绿化广场，作为路人的休闲场所，灾害来临时也可用于避难，加上周围的步行道空地以及街道树和绿地，计划让这一张绿色步行通道网

再向四周延伸。

计划区域被六本木大街和放射1号线包围其中，被港区道397号线横穿，划分成南北街区。

北街区位于六本木大街对面，是以餐饮店铺为中心的商业楼区（六本木大型公共广场）。为了在入口处能够尽览全区风光，打造开阔视野，对建筑物的高度进行控制，确保从六本木大街能够看到南街区。

南街区的项目重心为办公楼（住友不动产六本木大型塔式办公楼）。这栋超过200 m的超高层

西侧步行道俯瞰视角。根据地势高低进行绿化

建筑正对六本木大街。南侧是区域地权人的住宅楼（六本木大型塔式公寓），它与办公楼由地上桥梁连接在一起。以六本木大街为轴打造大范围的城市景观。街区的形状与高楼的分布在地图上构成巨大的三角形，由此划分成两个公开区域，一个用来停车，另一个用作绿化公共广场。以地下步行通道网为中心建设六本木一丁目站前广场。

塔式办公楼高度超过200 m，是一栋超高层建筑。地上约120 m的部分设有中间抗震层。抗震层往上的高层办公楼层配有日本国内最大的观光电梯，可容纳90人乘坐。该观光电梯的玻璃升降通道位于塔楼基准平面外，可单独运行。

办公楼标准层使用面积超过3300 m²，中心区域为正方形，边长约67 m，可以360°全方位眺望东京全景。

地铁检票口的站前广场顶棚高度为12 m，建筑轴与连接南北街区的步行道网轴的夹角为50°。以此为中心设置三角形顶棚照明，使广场、办公楼入口、凹陷花园等整片区域光线充足，视野广阔。

通过本次再开发项目，已建成的泉花园街区与本街区融为一体，形成了一个更大的"泉花园"。

（杉山俊一+实藤清张+小界一树/日建设计）

（翻译：吕方玉）

* 六本木一丁目车站西检票口于2017年夏天完工。

1层中心步行广场。与大道相连。三角形空间根据用地形状和六本木大街正对的六本木大型塔式办公楼设计而成。底层部有商家入驻

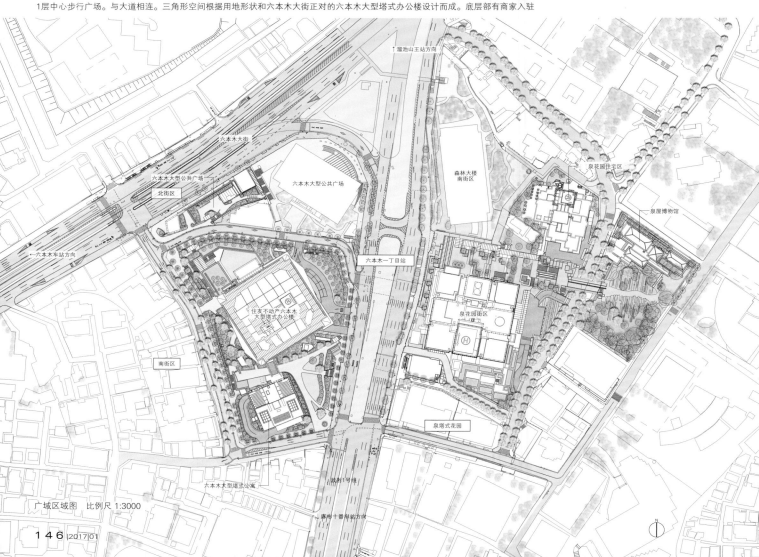

广域区域图　比例尺 1:3000

4层办公区入口：北侧空间开放使用，设有4台观光电梯，可通向29层，每台可容纳90人

1层办公区入口。可透过玻璃看到室外绿植。建筑物底层部分有共设20根（φ=1800 mm）钢筋水泥柱，延伸
至9层。天花板设有三角形铝制护墙板和照明设备

33层办公区视角。外壁运用钻石切割技术，不规则的设计改变了地板方方正正的标准形状。顶棚高3000mm

43 | 36

29层大厅

北侧仰视视角。观光电梯安装在北侧

中部办公楼层看向观光电梯视角

总监修·外观设计监修：住友不动产
城市规划·设计：日建设计
施工：大成·大林建设企业联营体
用地面积：17 371.73 m² （南街区）
建筑面积：9934.40 m² （南街区）
使用面积：207 744.35 m² （南街区）
层数：地下5层　地上40层　屋顶2层（南街区）
结构：钢架结构　部分钢架钢筋混凝土结构
　　　钢筋混凝土结构（南街区）
工期：2013年6月~2016年10月
摄影：日本新建筑社摄影部
（项目说明详见第226页）

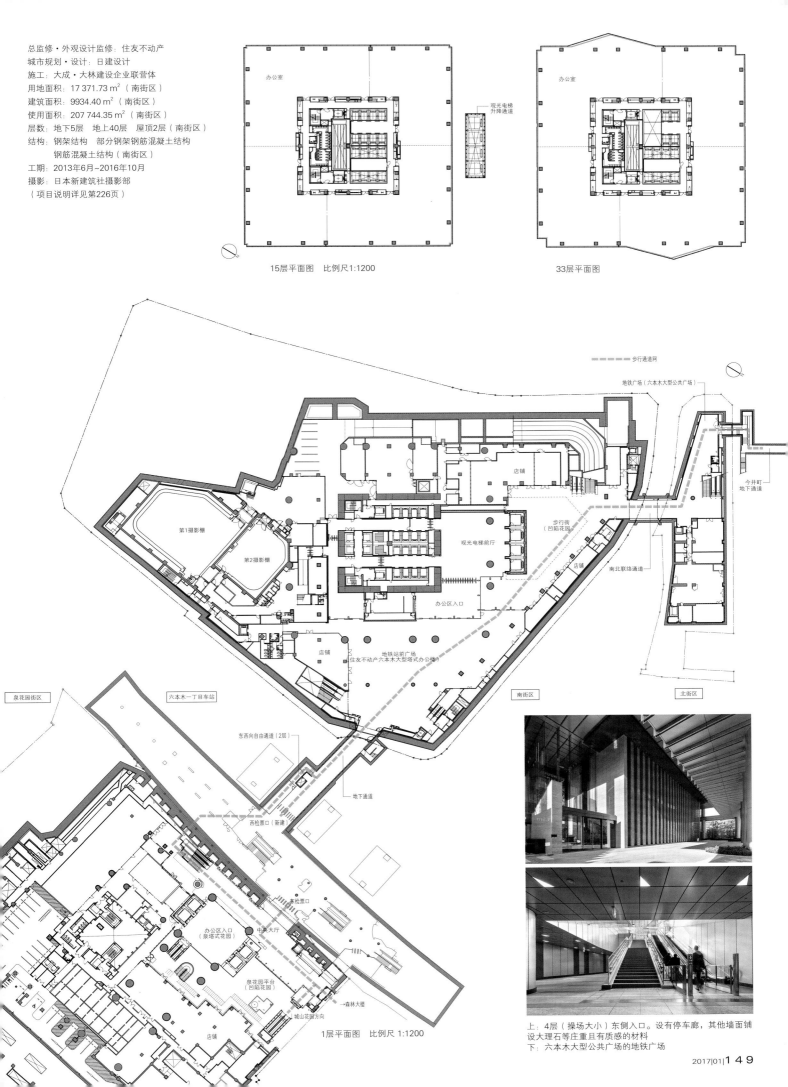

办公室

观光电梯
升降通道

15层平面图　比例尺1:1200

办公室

33层平面图

步行通道网

地铁广场（六本木大型公共广场）

今井町
地下通道

店铺

步行街
（凹陷花园）

观光电梯前厅

店铺

南北联络通道

办公区入口

第1摄影棚

第2摄影棚

店铺

地铁站前广场
（住友不动产六本木大型塔式办公楼）

泉花园街区

六本木一丁目车站

南街区

北街区

东西向自由通道（2层）

地下通道

西检票口（新建）

东检票口

中央大厅

办公区入口
（泉塔式花园）

泉花园平台
（凹陷花园）

城山花园方向

→森林大楼

店铺

1层平面图　比例尺 1:1200

上：4层（操场大小）东侧入口。设有停车廊，其他墙面铺
设大理石等庄重且有质感的材料
下：六本木大型公共广场的地铁广场

四张图片提供：东京电视台·BS日本总公司 / 1：4层（操场大小）东侧入口 / 2：经理办公室/3：1层第1摄影棚。因位于地下，可解决噪音及排水等电视台摄影棚特有的问题/4：1层电梯前厅

关于东京电视台·BS日本总公司

　　拥有电视台总公司职能是本项目的特点。由于街区独有的形状和高层办公楼的设置产生两部分开放空间。东京电视台·BS日本总公司的两个大型摄影棚位于南侧的绿化开放空间，呈现三角形的地下平面。办公楼10层~14层可实现电视台功能，并设有两个摄影棚。

　　大型摄影棚拥有宽阔的地下空间，便于大型车辆进出。总公司、摄影棚及相关功能都在充分考虑人流走向和安全性的基础上巧妙设计而成。

（杉山俊一/日建设计）

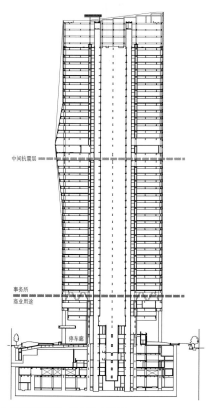

东西方向剖面图　比例尺 1:2500

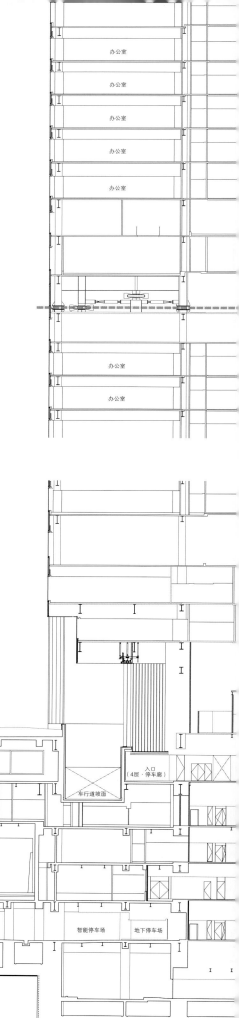

南北方向剖面详图　比例尺 1:500

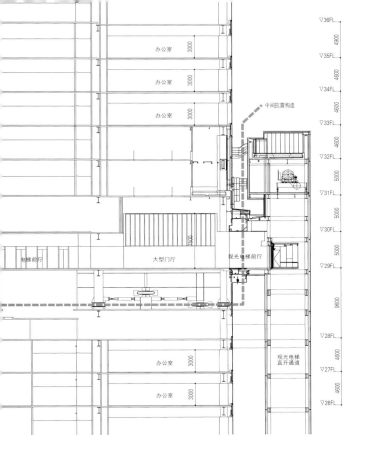

办公室 3000 ▽36FL
4900
办公室 3000 ▽35FL
4600
办公室 3000 ▽34FL
4600
中间抗震构造 ▽33FL
4600
▽32FL
5000
▽31FL
5000
电梯前厅 大型门厅 观光电梯前厅 ▽30FL
7500 5000
▽29FL
9600
▽28FL
办公室 3000 ▽27FL 观光电梯直升通道
4600
办公室 3000 ▽26FL
4600

中间抗震层。办公标准层柱子位置安有隔离器以保证建筑安全。为了降低震感，设置浅蓝色的减震器和黄色的钢制U形减震器

关于中间抗震层

　　一旦计划在超高层建筑设置中间抗震层，就必须同时解决以下三个问题。

　　首先是大地震或台风发生时，要保证多层橡胶隔离器能够正常使用。其次，需要弄清一个隔离器能够支撑多重的柱子。再次，还要有关于运送大量人员的观光电梯等可执行计划。在考虑到这些条件的前提下合理安排中间抗震层的位置，并且使多个减震器能够应对大地震、风压负载等隐患，提高建筑安全性。

（朝川刚/日建设计）

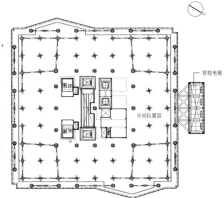

穿梭电梯

中间抗震层

中间抗震层平面图　比例尺 1:1500

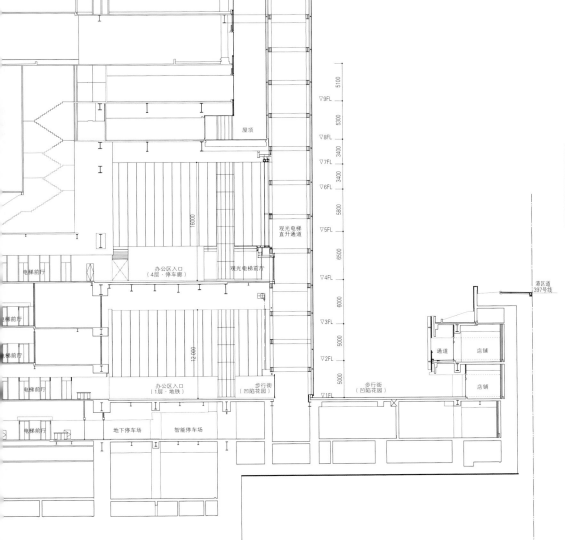

▽9FL
5100
屋顶 ▽8FL
5300
▽7FL
3400
▽6FL
3400
观光电梯直升通道 ▽5FL
5800
16000 办公区入口（4层·停车廊） 观光电梯前厅 ▽4FL
6600
▽3FL
5000
12000 通道 店铺 ▽2FL
6000
办公区入口（1层·地铁） 步行街（凹陷花园） 步行街（凹陷花园） 店铺 ▽1FL
5000
港区道397号线

电梯前厅 地下停车场 智能停车场

上：东南侧广场。正下方是电视剧摄影棚
下：西侧视角

东京星野屋

设计　三菱地所设计 NTT设施设计
　　　东环境建筑研究所/东利惠（旅馆策划·内部装修设计·外部装饰设计协助）
　　　On site策划设计事务所（景观设计监修）
施工　户田建设
所在地　东京都千代田区
HOSHINOYA TOKYO
architects: MITSUBISHI JISHO SEKKEI, NTT FACILITIES, AZUMA ARCHITECT & ASSOCIATES, STUDIO ON SITE

北侧底层部视角。左边是延伸的中央大街。星野屋是一座位于首都的
温泉宾馆，地下3层，地上18层，共有84间客房。与大街连接的部分
安放有靠背长椅（由On site策划设计事务所设计）

大街南侧视角。建筑外围覆盖有日本传统花纹图案的
铝铸幕墙，将窗户、支撑柱、横梁等建筑结构包含其
中，使整体更加和谐

东侧大街视角。朝向大街的1层玻璃墙面向内缩进4 m。透过玻璃可以看到内部整面墙都陈列着鞋柜

位于首都中心的多层日式旅馆

正如名字所示，东京星野屋是一座位于东京都的日式旅馆。该项目响应"大手町连锁型再开发第三次事业"中关于"城市特别再开发地区"的号召，与旁边的"大手町金融经济中心大厦"共同列入修建计划，旨在打造可以提供国际化服务的住宿设施。并且，为了使"旅馆"这一住宿形式适应现代化发展需求，将其打造成当代日式旅馆。

大手町商业街到处都是超过150 m的高楼大厦。该建筑入口处外壁为覆盖有日本传统花纹图案的幕墙，外观柔和雅致，如同"重箱"（日本式多层饭盒）一般，旨在传递古色古香的日式旅馆风格。另外，这种幕墙的设计还可以隔断客房与周围办公楼的相互干扰。建筑正面的底层部以玻璃设计为主，内部的装修与外部幕墙相辅相成，使星野屋成为丸之内商业大街中独特的新景观。

1层顶棚高约5 m，墙壁上是以栗木和竹子为原材料制作而成的鞋柜。玄关处铺有榻榻米，从这里可以进入这座与商业大街气质迥异的日式旅馆内部。从客人下电梯起，经过走廊直到客房之间的地面均铺有榻榻米，营造日式风格。

星野屋的客房部共有14层，每1层为1个单位，每1个单位有6间客房和1个公共休息室。每层都有服务员，相当于传统日式旅馆的"老板娘"角色，以大厅为起点为客人提供服务。客人可以光着脚、穿着睡衣去客厅、走廊、大浴场等任何地方。采用这种日式生活模式的目的在于将这里打造成有别于西式酒店的现代日式旅馆。

（清水聪/三菱地所设计+东利惠/东环境建筑研究所）

（翻译：吕方玉）

设计：三菱地所设计 NTT设施设计
　　东环境建筑研究所/东利惠
　　（旅馆策划·内部装修设计·外部装饰设计协助）
　　On site策划设计事务所（景观设计监修）
施工：户田建设
用地面积：1334.64 m²
建筑面积：742.49 m²
使用面积：13 958.29 m²
层数：地下3层　地上18层　屋顶间1层
结构：钢筋混凝土结构　部分钢架钢筋混凝土结构
工期：2014年4月~2016年4月
摄影：日本新建筑社摄影部（特别标注除外）
（项目说明详见第228页）

区域图　比例尺 1:15 000

东侧视角。右侧大手町金融中心大厦

混凝土地房间看向门厅视角。为了营造日式氛围，需要在玄关处脱鞋。顶棚高5.5 m，进深25 m，左侧整面墙壁为鞋柜。鞋柜面由竹子编织而成，透气性好，框架材料为栗木

2层宴会厅兼休息室。栗木的地板上放有高度调低至350 mm的椅子和风格独特的日式家具。印度红外观的前台底座上放置长约6 m的台面板，长条状的宴会厅前台迎接客次前来入住

标准间。每层有5间标准间（41 m²～49 m²）和1间豪华间（83 m²），共6间客房。还有1间可供客人放松休息的"茶间（休息室）"。特意调低桌子椅子、床等家具的高度，配合房间内部的榻榻米地面，降低整个空间的重心

17层平面图

上：每层客房均设有茶间（休息室）。服务员从此处开始提供服务
左下：17层浴池。引入温泉/右下：露天浴室

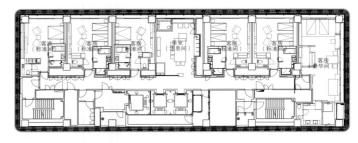

客房部（5层~15层）平面图

2层平面图

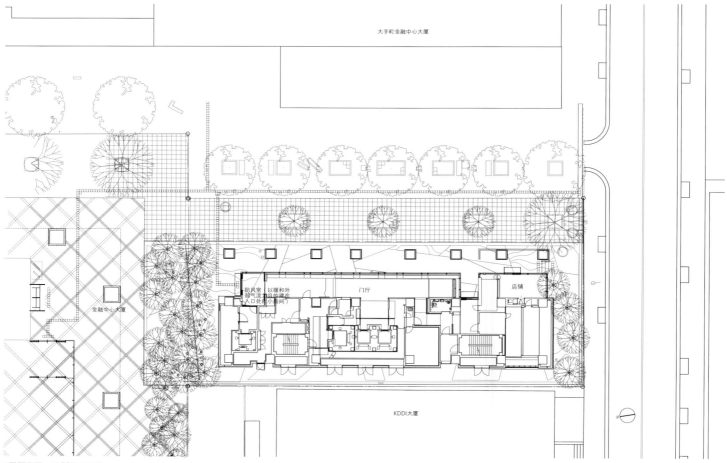

1层平面图　比例尺 1:500

左：客房视角。拉门处照射出外壁幕墙的日本传统花纹图案/右：外壁视角

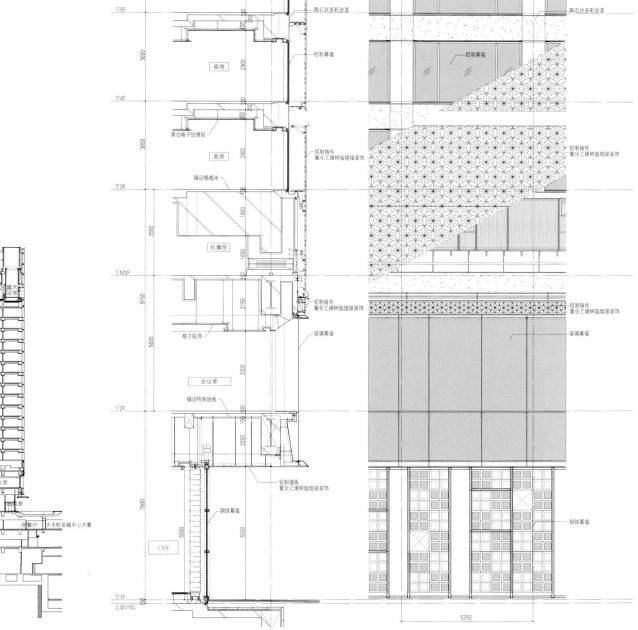

剖面图　比例尺 1:1200

外壁详图　比例尺 1:150

MediaCorp Campus（项目详见第4页）

● 向导图登录新建筑在线
http://bit.ly/sk1701_map

所在地：1 Stars Avenue Singapore 138507
主要用途：电视台 剧场 事务所
主建方：MediaCorp

设计
建筑　槙综合策划事务所
　　负责人：槙文彦　龟本Gary　千叶昌广
　　本田茂树　佐佐木将　空刚士　藤江保高
　　仲田雄雄*　衫浦友哉*　本城洋一*
　　安岛总一郎*　新井典子*　丸山奈绪*
　　米津孝佑*　伊藤刚*（*原职员）
辅助设计：DP Architects
　　负责人：Angelene Chan
　　Tan Jiann Woei　Nartano Lim
　　Michael Tan　Lau Sze Yee
　　Low Chin Win　Chan Min Kang
　　Exzon Nepomuceno　Eliseo Tenza
结构：Web Structures
负责人：Hossein Rezai-Jorabi
　　Tan Teck Cheng　Huang Yu

设备：Parsons Brinckerhoff
负责人：Tony Tay　Adeline Koh
设备基本构想：综合设备计划
负责人：若松宏　冈正浩
外部构造辅助设计：DP Green
负责人：Yeong Weng Fai
外部装饰辅助设计：HCCH Consulting
负责人：Sani Chang
剧场·音响辅助设计：Arup Singapore
负责人：Nick Boulter
Sign·家具：槙综合策划事务所　DP ID
防灾计划：Arup Singapore
照明计划：Lighting Planners Associates
交通计划：CPG Consultants
安保计划：Certis CISCO
　　Consulting Services
工程造价：Rider Levett Bucknall LLP
项目管理：Jurong Consultants
监理：槙综合策划事务所
负责人：龟本Gary　近藤良树
　　千叶昌广　本田茂树　绿川雅之
　　佐佐木将　空刚士　植田博文

橘田HARUKA　宫本裕也　辻启太
留目知明　本城洋一*　安岛总一郎*
Kelly Leu*　森路世*　新井典子*
（*原职员）
家具：川井向太　栞原由起子
DP Architects
负责人：Angelene Chan
　　Tan Jiann Woei　Chow Kok Pan
　　Lau Sze Yee　Low Chin Win
　　Dani Alvarez　Edgardo Te Manua

施工
建筑：Kajima-Tiong Seng Joint Venture
空调：Shinryo Coorporation
卫生：A's M&E
电气：Hitachi Infrastructure Systems

规模
用地面积：15 061.80 m²
建筑面积：12 588.00 m²
使用面积：118 400.00 m²
层数：地下3层　地上12层　楼顶1层
剧场座位数：1549

尺寸
最高高度：88 315 mm
房檐高度：69 815 mm
层高：地上3层：3950 mm
　　地上2层：4900 mm
　　地上1层：6000 mm
　　1、2层：4000 mm
　　3层~7层：5500 mm
　　8层：10 000 mm
　　9层~11层：4450 mm
　　12层：4650 mm
顶棚高度：
　　剧场设施：乐器室：3000 mm
　　大厅：2510 mm　4410 mm　5900 mm
　　播控设施：地下1层：大厅：3000 mm
　　排练室：8950 mm
　　1层入口：6600 mm
　　候场区：11 200 mm
　　工作室：中：13 455 mm
　　Media gallery：8700 mm
　　无线电工作室：2950 mm　2700 mm
　　新闻编辑室：8200 mm
　　新闻演播室1：8875 mm

采用特殊工法，设置支撑办公区空间的20 m长的悬臂梁

左：建筑物东北侧3层观光区，南侧前端部分，与西侧入口组合的原尺寸视觉模型/右：幕墙组装原尺寸模型，测试防水性和密封性

新闻演播室2、3：6135 mm
办公设施：办公室、会议室：2700 mm
　员工会议室：3200 mm
舞台尺寸、舞台开口幅度：
　13 000 mm~18 000 mm
　高：9500 mm
　深：22 950 mm
　宽：34 450 mm

用地条件
道路宽度：西 31.8 m　北 25.1 m
停车辆数：617辆

结构
主体结构：钢筋混凝土结构　部分为钢结构
　钢筋钢架混凝土结构

设备
空调设备
空调方式：空调机　空气处理单元　通风盘管
　装置
热源：另设冷气设备供应冷水　应急用空冷冷
　冻机3台
卫生设备
供水：储水箱（45 m³）+高架水箱（220 m³）
　重力加压供水方式
热水：局部供水方式（电热水器）
排水：室内污水、杂排水合流方式　室外污水、
　雨水分流方式　雨水再利用设施
电力设备
供电方式：特别高压2次线供电方式（室内型
　cubicle式）
设备容量：9000kVA
备用电源：应急用柴油发电机2000kVA×6台
　地下油罐50000L×3 UPS(400kVA×6
　台)（600kVA×6台）

防灾设备
灭火：室内外消防栓　自动喷水设备　惰性气
　体（FM200）灭火设备　灭火器
排烟：机械排烟（地下楼梯通道　剧场观众席
　和挑空处）
其他：自动火灾报警装置　特殊照明感应灯
　特殊播控设施
升降机：乘用电梯（无机房式电梯荷载20人
　　　60 m/min）×3台
　　　乘用电梯（无机房式电梯荷载20人
　　　105 m/min）×18台
　　　乘用电梯（无机房式电梯荷载10人
　　　60 m/min）×1台
　　　乘用电梯（无机房式电梯荷载8人
　　　105 m/min）×1台
　　　应急电梯（无机房式电梯荷载12人
　　　105 m/min）×2台
　　　应急电梯（无机房式电梯荷载16人
　　　105 m/min）×2台
　　　货梯（曳引式电梯荷载3000kg 105 m/
　　　min）×1台
　　　货梯（无机房式电梯荷载1360 kg 105 m/
　　　min）×1台
　　　货梯（无机房式电梯荷载885kg 60m/
　　　min）×1台
特殊设备：舞台音响　影像　照明　机构设备

工期
设计期间：2011年9月~2012年11月
施工期间：2012年11月~2016年4月

槙文彦（MAKI・HUMIHIKO）

1928年出生于东京都/1952
年毕业于东京大学工学院建
筑专业/1953年取得奥兰布
鲁克美术学院硕士学位/
1954年取得哈佛大学硕士
学位/历任华盛顿大学、哈佛大学副教授/1965
年成立槙综合策划事务所/1979年~1989年担
任东京大学工学院教授

龟本Gary（Gary K.Kamemoto）

1961年出生于东京都/1984
年毕业于南加利福尼亚大学/
毕业后就职于槙综合策划事
务所/现任副所长

千叶昌广（CHIBA・MASAHIRO）

1963年出生于岩手县/1993年至今就职于槙综
合策划事务所/现任科长

中国美术学院民艺博物馆（项目详见第12页）

项目详见第12页

● 向导图登录新建筑在线
http://bit.ly/sk1701_map

所在地：浙江省杭州市西湖区转塘镇中国美术
　学院民艺博物馆
主要用途：博物馆　会议厅
主建方：中国美术学院
设计
建筑：隈研吾建筑都市设计事务所
　负责人：隈研吾　藤原彻平*
　寺川奈穗子　小岛伸也*
　铃木公雄（CG）　片桐和也*
　潮田容子*　长崎里沙*
结构：小西泰孝建筑结构设计
　负责人：小西泰孝　金子武史*　元酒昂
设备：森村设计
　负责人：Tony Tay Adeline Koh
　设备基本构想：综合设备计划
　机械负责人：袖川政宪　水谷贵俊
　电气负责人：川田义登
监理：隈研吾建筑都市设计事务所

负责人：隈研吾　藤原彻平
　寺川奈穗子　小岛伸也*（*原职员）
Local Architect
　中国美术学院风景建筑设计院
　负责人：楼毅
施工
浙江省省一建建筑有限公司
规模
用地面积：12 204.00 m²
建筑面积：5670.00 m²
使用面积：4936.33 m²
尺寸
最高高度：15 000 mm
房檐高度：12 000 mm
顶棚高度：展厅：8300 mm
主要跨度：24 000 mm × 8000 mm
用地条件
大学校园内
结构
主体结构：钢架结构
桩・基础：全混凝土基础

工期
设计期间：2009年4月~2011年4月
施工期间：2013年1月~2015年9月
利用向导
开放时间：9:00~16:00
休息时间：周日
门票：无

隈研吾（KUMA・KENGO）

1954年出生于神奈川县/
1979年取得东京大学建筑系
硕士学位/1985年~1986年
任哥伦比亚大学客座研究员/
2001年~2008年任庆应义
塾大学教授/2009年至今担任东京大学教授

URBAN FOREST（项目详见第38页）

（项目详见第38页）

● 向导图登录新建筑在线
http://bit.ly/sk1701_map

所在地：德国柏林 Platz der Luftbrücke5
主要用途：幼儿园
主建方：HKW – Haus der Kulturen der Welt & Tamaja

设计
建筑：ATELIER BOW–WOW
　　负责人：塚本由晴　贝岛桃代
　　　Andrei Savescu
　　结构：EiSat GmbH
　　负责人：Jan Mommert

施工
建筑：raumlaborberlin Atelier Fanelsa
　　负责人：Benjamin Förster Baldenius
　　　Niklas Fanelsa

规模
用地面积：150 m²
建筑面积：50 m²
使用面积：100 m²
1层：50 m²　2层：50 m²
层数：地上2层
尺寸
最高高度：4900 mm
房檐高度：4900 mm
层高：阅览室：2740 mm
顶棚高度：厨房：1980 mm
主要跨度：2000 mm × 2000 mm

结构
主体结构：木质结构

工期
设计期间：2016年4月
施工期间：2016年10月

利用向导
开放时间：9:00 ~ 18:00

塚本由晴（TUKAMOTO·YOSIHARU／左）
1965年出生于神奈川县／1987年毕业于东京工业大学工学系建筑专业／1987年~1988年留学于巴黎·柏林建筑大学／1992年与贝岛桃代共同成立ATELIER BOW–WOW／1994年修完东京工业大学研究生院博士课程／2003年、2007年担任哈佛大学研究生院客座教授／2007年、2008年担任加利福尼亚大学客座副教授／2011年担任丹麦皇家科学院及巴塞罗那研究所客座教授／现任东京工业大学研究生院教授、莱斯大学客座教授

贝岛桃代（KAIJIMA·MOMOYO／右）
1969年出生于东京都／1991年毕业于日本女子大学家政系住宅专业／1992年与塚本由晴共同成立ATELIER BOW–WOW／1994年修完东京工业大学研究生院硕士课程／1996年~1997年留学于瑞士联邦工业大学／2000年于东京工业大学研究生院修满博士课程后退学／2003年担任哈佛大学研究生院客座教授／2005年~2007年担任瑞士理工学校客座教授／现担任筑波大学副教授、莱斯大学客座教授

玉井洋一（TAMAI·YOICHI）
1977年出生于爱知县／2002年毕业于东京工业大学工学系建筑专业／2004年修完同校研究生院硕士课程／2004年至今就职于ATELIER BOW–WOW／2015年成为同公司合伙人

Niklas Fanelsa
1985年出生于德国不来梅／2012年毕业于东京工业大学／2013年毕业于亚琛工业大学／2013年~2014年就职于比利时设计事务所／2014年~2016年就职于Thomas Baecker Bettina Kraus／2016年成立ATELIER·Fanelsa／现任教于勃兰登堡工业大学

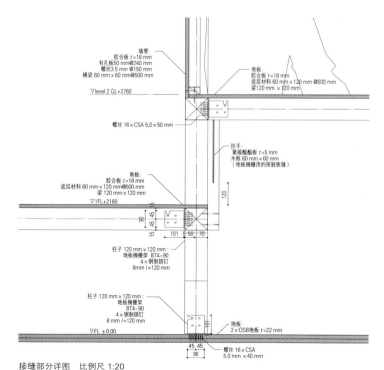

墙壁
　胶合板 t =18 mm
　有孔板50 mm@240 mm
　螺丝3.5 mm@150 mm
　横梁 60 mm × 60 mm@500 mm

地板
　胶合板 t =18 mm
　底层材料 60 mm × 120 mm @500 mm
　梁120 mm × 120 mm

▽level 2 GL+2760

螺丝 16 × CSA 5,0 × 50 mm

扶手：
聚碳酸酯板 t =5 mm
木框 60 mm × 60 mm
（地板搁栅间的预制狭缝）

地板
　胶合板 t =18 mm
　底层材料 60 mm × 120 mm@500 mm
　梁 120 mm × 120 mm

▽1FL +2160

120

90
45 45
15

101 50 70

柱子 120 mm × 120 mm：
地板搁栅架 BT4-90
4 × 钢制销钉
8mm l=120 mm

柱子 120 mm × 120 mm：
地板搁栅架
BT4-90
4 × 钢制销钉
8 mm l=120 mm

地板
2 × OSB地板 t =22 mm

▽FL +0.00

45 45
90
螺丝 16 × CSA
5,0 mm × 40 mm

接缝部分详图　比例尺 1:20

墨田北斋美术馆（项目详见第48页）

（项目详见第48页）

● 向导图登录新建筑在线
http://bit.ly/sk1701_map

所在地：东京都墨田区龟泽2-7-2
主要用途：美术馆
委托方：墨田区

设计
建筑：妹岛和世建筑设计事务所
　　负责人：妹岛和世　棚濑纯孝　山本力矢
　　　池田贤　福原光太
　　结构：佐佐木睦朗结构规划研究所
　　负责人：佐佐木睦朗
　　　浜田英明*（*原职员）　木村俊明
　　设备：森村设计
　　负责人：吉田崇　关口正浩　前山薰
　　　汤浅MAYUMI
※展览·备品另行订货

监理：妹岛和世建筑设计事务所
　　负责人：妹岛和世　棚濑纯孝　福原光太

施工
建筑：大林·东武谷内田建设企业联营体
　　负责人：佐野光博　弥田聪　甚野学
　　　大泽刚史　山本裕树　吉川祐策
　　　藤田翔　金儿麻美　大野七都子
　　　桥本步
空调：浦安·冲山企业联营体
　　负责人：铃木宏尚　石田晋也　远山民树
　　　渡边翔太　江川大斗
卫生：浦安工业
　　负责人：小野孝　栗原信治
电力：大荣·事业开发社企业联营体
　　负责人：增本秀明　中田耕司　直岛治纪

规模
用地面积：1254.14 m²
建筑面积：699.67 m²
使用面积：3278.87 m²
地下1层：704.92 m²
1层：647.39 m²　2层：570.15 m²
3层：686.75 m²　4层：661.15 m²
阁楼层：8.51 m²
标准层：647.39 m²
建蔽率：55.79%（容许值：80%）
容积率：251.50%（容许值：300%）
层数：地下1层　地上4层　阁楼1层
尺寸
最高高度：21 920 mm
房檐高度：21 010 mm
层高：地下1层 3700 mm　1层：5000 mm
　　　2层：5000 mm　3层：5000 mm
　　　4层：5420 mm
顶棚高度：地下1层 2350 mm　2630 mm
　　　1层：4180 mm　2层：4260 mm
　　　3层：3900 mm　4260 mm
　　　4层：2860 mm　5000 mm
　　　3层展览室：3760 mm
　　　4层展览室：3390 mm

用地条件
地域地区：工业地区　防火地区
　　　城市规划区域　市区规划区域
　　　龟泽地区规划区域
道路宽度：东7.7 m　西10.9 m　南8.1 m
停车辆数：1辆

结构
主体结构：钢筋混凝土结构　部分为钢架结构
桩·基础：PC桩

设备
环保技术
雨水循环利用设备 CASBEE（LEED）　PAL 291.0MJ/（m²·年）
空调设备
空调方式：AHU　FCU　PAC
热源：空冷热泵冷却器 + 储热槽
卫生设备
供水：加压直接供水方式

热水：局部（电热水器）方式
电力设备
供电方式：高压供电方式
设备容量：800 kVA
备用电源：应急发电机　85kVA
防灾设备
灭火：屋内消防栓　哈龙瓦斯灭火设备
排烟：机器排烟（限于地下）
其他：自动火灾报警设备　应急播放设备
　　　应急照明设备　导航灯

工期
设计期间：2009年5月 ~ 2014年5月
施工期间：2014年7月 ~ 2016年4月
工程费用
建筑：2 245 050 000日元
空调：270 000 000日元
卫生：98 520 000日元
电力：263 358 000日元
EV：40 040 000日元
展览：529 200 000日元
总工费：3 446 168 000日元

利用向导
开放时间：9:30 ~ 17:30
休息时间：周一
门票：普通展览：成人400日元
　　　　学生：300日元
　　　项目展览：因展期而异
电话：03-5777-8600

妹岛和世（SEJIMA·KAZUYO）
1956年出生于茨城县／1979年毕业于日本女子大学家政系住宅专业／1981年修完同校研究生院硕士课程／1981年就职于伊东丰雄建筑设计事务所／1987年成立妹岛和世建筑设计事务所／1995年与西泽立卫成立SANAA

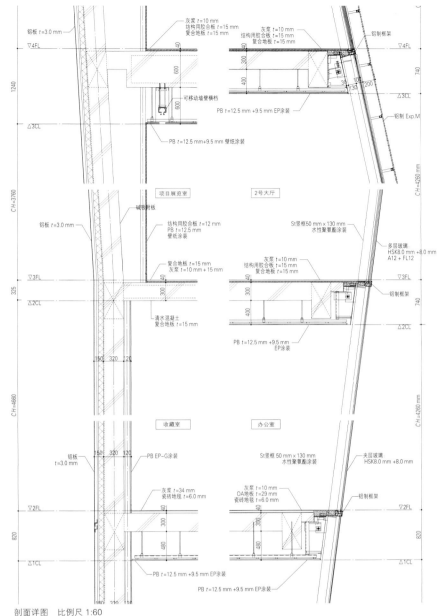

剖面详图 比例尺 1:60

铝板 t=3.0 mm

灰浆 t=10 mm
结构用胶合板 t=15 mm
复合地板 t=15 mm

灰浆 t=10 mm
结构用胶合板 t=15 mm
复合地板 t=15 mm

铝制框架

▽4FL

可移动墙壁横档

铝制 Exp.M

PB t=12.5 mm +9.5 mm EP涂装

△3CL

PB t=12.5 mm +9.5 mm 壁纸涂装

项目展览室

2号大厅

碳板附板

铝板 t=3.0 mm

结构用胶合板 t=12 mm
PB t=12.5 mm
壁纸涂装

St竖框 50 mm × 130 mm
水性聚氨酯涂装

多层玻璃
HSK8.0 mm +8.0 mm
A12 + FL12

复合地板 t=15 mm
灰浆 t=10 mm + 15 mm

灰浆 t=10 mm
结构用胶合板 t=15 mm
复合地板 t=15 mm

▽3FL

清水混凝土
复合地板 t=15 mm

铝制框架

△2CL

PB t=12.5 mm +9.5 mm
EP涂装

收藏室

办公室

铝板 t=3.0 mm

PB EP-G涂装

St竖框 50 mm × 130 mm
水性聚氨酯涂装

夹层玻璃
HSK8.0 mm +8.0 mm

灰浆 t=34 mm
瓷砖地毯 t=6.0 mm

灰浆 t=10 mm
OA地板 t=29 mm
瓷砖地毯 t=6.0 mm

铝制框架

▽2FL

PB t=12.5 mm +9.5 mm EP涂装

PB t=12.5 mm +9.5 mm EP涂装

用起重机将实物模型吊上去，实地验证每个方向的反射情况，进行加工处理。通过细致的调整，在弯曲部分添加一张铝板

施工中。该建筑由多张钢筋混凝土制成的墙壁和钢架柱子建成

茨城县北艺术节 **Spring**（项目详见第60页）

所在地：茨城县久慈郡大子町
主要用途：足浴（KENPOKU ART 2016茨城县北艺术节展览作品）
协调：NANJO and ASSOCIATES（茨城县北艺术节执行委员会 东京事务局 负责人：福原智子）
主建方：茨城县

设计·监理
妹岛和世建筑设计事务所
　　负责人：妹岛和世　山本力矢
　　八木麻乃　濑川慧理

施工
主体：高桥工业　负责人：高桥和志
基础·设备：KANMAIN　负责人：井上馨
规模
用地面积：4443.00 m²
建筑面积：78.50 m²
尺寸
主要跨度：10 m
结构
主体结构：铝制
工期
设计期间：2016年1月～9月

施工期间：2016年9月～10月

妹岛和世（SEJIMA·KAZUYO）
●人物简介详见左侧

多治见市马赛克瓷砖博物馆（项目详见第64页）

● 向导图登录新建筑在线
http://bit.ly/sk1701_map

所在地：岐阜县多治见市笠原町2082-5
主要用途：博物馆
所有人：多治见市

设计・监理
建筑：藤森照信+A・K+ACE设计企业联营体
负责人：藤森照信　加藤昭仁
　　　　吉田健二　水野秀利
结构：织本结构设计　负责人：古井宽文
设备：a&A设备设计　负责人：原弘久
电力：井上电力设计室　负责人：井上心雄

施工
建筑：吉川+加藤+樱井特定建设工程企业联
　　　营体
负责人：曾根信治
空调・卫生：五十岚・大和特定建设工程企业
　　　联营体
负责人：三浦和也
电力：小境・林特定建设工程企业联营体
负责人：田比野利幸

规模
用地面积：3558.85 m²
建筑面积：793.95 m²
使用面积：1925.02 m²
1层：731.80 m²　2层：460.12 m²
3层：423.58 m²　4层：309.52 m²
建蔽率：22.31%（容许值：90%）
容积率：52.38%（容许值：300%）
层数：地上4层

尺寸
最高高度：19 416 mm
房檐高度：18 916 mm
顶棚高度（玄关）：2950 mm

用地条件
地域地区：临近商业区
道路宽度：西 10.08 m　北 9.84 m
停车辆数：8辆（建筑外围：11辆）

结构
主体结构：钢筋混凝土结构
桩・基础：原有混凝土桩

设备
空调设备
空调方式：空冷热泵空调方式
热源：电力
卫生设备
供水：加压供水方式
热水：电热水器
排水：室内：分流制排水
　　　室外：合流制排水
电气设备
受电方式：高压受电方式（室外箱式变压器）
设备容量：50+100 kVA
额定电力：150 kVA
预备电力：自动发电机60.0kVA
防灾设备
灭火：室内消防栓　干粉灭火器
排烟：排烟机
其他：应急照明设备　指示灯设备　自动火警
　　　设备　摄像头设备　网络设备　影像音
　　　响设备　安全防护设备
电梯：人货两用电梯
特殊设备：南侧草坪及屋顶草坪的自动雨水洒
　　　　　水设备

工期
设计期间：2012 年 11月 ~ 2014 年 3月
施工期间：2014 年 7月 ~ 2016 年 3月
工程费用
建筑：808 554 960日元

空调・卫生：70 603 920日元
电力：110 984 040日元
总工费：990 142 920日元

外部装饰
屋顶：GANTAN BEAUTY INDUSTRY
　　　CO.,LTD国代耐火工业所
外壁：FUJIWARA化学

内部装饰
4层1号展示室
地板・墙壁・顶棚：OZAWA MOSAIC
　　　　　　　　　WORKS

利用向导
开放时间：9:00 ~ 17:00（16:30停止入馆）
休息时间：星期一（节假日为平日休假后第一
　　　　　天）
门票：每人300日元　团体（20名以上）每人
　　　250日元　高中生以下个人免费
服务咨询：马赛克瓷砖博物馆
电话：0672-43-5101

藤森照信（HUJIMORI・TERUNOBU）
1946年出生于长野县/1971年毕业于东北大学建筑系/1978年毕业于东京大学研究生院/1998年~2010年担任东京大学教授/2010年~2014年担任工学院大学教授/2010年至今担任东京大学名誉教授/现任东京都江户东京博物馆馆长

加藤昭仁（KATOU・AKIHITO）
1947年出生于岐阜县/1970年毕业于工学院大学建筑系/1970年~1979年就职于现代建筑研究所/1979年创立A・K设计事务所/1989年实现事务所改组

吉田健二（YOSHIDA・KENJI）
1961年出生于岐阜县/1983年毕业于福井工业大学工学部建筑系/1983年~1994年就职于吉川建筑设计事务所/1995年改名为ACE设计事务所/2000年担任设计事务所董事代表

南侧美术馆入口。宽为 1100 mm、高为2000 mm的栗木门窄小精致，设有铜板门檐和照明设备

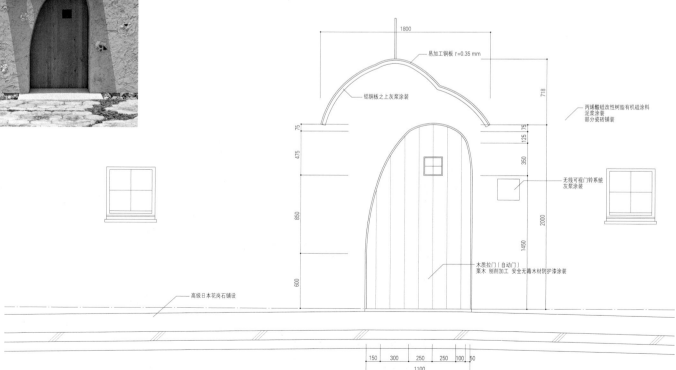

南侧入口部分立面图　比例尺1:40

铜屋顶＋栗百本＋草回廊 (项目详见第72页)

● 向导图登录新建筑在线
http://blt.ly/sk1701_map

所在地： 滋贺县近江八幡市北之庄町615-1
主要用途： 事务所 工厂 店铺
所有人： TANEYA CLUB HARIE

设计
建筑： 藤森照信＋中谷弘志（AKIMURA FIYING・C）
结构： KEINS **负责人：** 平塚政己
设备： 杉本设备设计事务所 山本设备设计事务所 **负责人：** 杉本正倡 山本肇
内部装潢・家具： 藤森照信＋土井康成（工匠）
监理： AKIMURA FIYING・C
　　　　负责人： 中谷弘志

施工
建筑： 秋村组
负责人： 野村三代司
卫生・空调： 新日本空调
电力： HUKUYAMA电力

■ 铜屋顶

规模
用地面积：4683.69 m²
建筑面积：1597.34 m²
使用面积：3556.48 m²
地下1层：1404.96 m²
1层：1409.25 m² 2层：395.36 m²
3层：181.10 m² 4层：165.81 m²
建蔽率：34.10%（容许值：60%）
容积率：75.93%（容许值：200%）
层数：地下1层 地上4层

尺寸
最高高度：20 160 mm
房檐高度：13 410 mm
层高：地下1层 3700 mm
　　　1层 4050 m 2层 3700 m
　　　3层 3400 m 4层 5000 m
顶棚高度：地下1层 2400 mm
　　　　1层 2500 mm 2层 3520 mm
　　　　3层 3220 mm 4层 4000 mm
主要跨度：10 000 mm × 7000 mm

用地条件
地域地区：第1类居住区 日本《建筑基本法》第22条规定地区
　　　　水乡景观规划区 地域规划区（景观农业振兴地域整备计划）
道路宽度：西17.98 m

结构
主体结构：钢筋结构
桩・基础：桩基础

设备
空调设备
空调方式：暖气散热片
供暖方式：放射冷暖室内设备
热源：电力 天然气
卫生设备
供水：加压供水方式
热水：独立供热水方式
排水：公共下水道排水方式
电气设备
受电方式：高压受电方式
设备容量：500 kVA
额定电力：500 kVA
防灾设备
灭火：消防管道设备 卤化物灭火设备 室内消防栓设备 灭火器
排烟：电动排烟窗设备
其他：自动防火预警设备 指示灯设备 应急避难用折叠楼梯

工期
设计期间：2013年1月～2015年4月
施工期间：2015年5月～2016年5月

利用向导

电话：0748-33-6666

■ 栗百本

规模
用地面积：6407.56 m²
建筑面积：510.43 m²
使用面积：499.96 m²
建蔽率：12.55%（容许值：60%）
容积率：12.82%（容许值：200%）
层数：地上1层

尺寸
最高高度：5300 mm
房檐高度：3750 mm
层高：3750 mm
顶棚高度：1层：2375 mm
主要跨度：6000 mm × 8500 mm

用地条件
地域地区：第1类居住区 日本《建筑基本法》第22条规定地区
　　　　水乡景观规划区 地域规划区（景观农业振兴地域整备计划）
道路宽度：西17.98 m

结构
主体结构：钢架结构 部分为木质结构
桩・基础：桩基础

设备
空调设备
空调方式：热泵式空调方式 室外换热器方式
供暖方式：水地暖热源设备
热源：电力 天然气
卫生设备
供水：加压供水方式
热水：独立供热水方式
排水：公共下水道排水方式
电气设备
受电方式：高压受电方式
设备容量：60 kVA
额定电力：60 kVA
防灾设备
防火：自动防火预警设备 指示灯设备
灭火：灭火器设备

排烟：电动排烟窗设备
特殊设备： 屋顶绿植自动洒水设备

工期
设计期间：2014年7月～2015年11月
施工期间：2015年12月～2016年6月

主要使用器械
烤箱 榨汁机 充填机 包装机

利用向导
开放时间：9:00～18:00
休息时间：全年开放（1月1日除外）
电话：0748-33-6666

藤森照信（HUJIMORI・TERUNOBU）
● 个人简介详见左侧

中谷弘志（NAKATANI・HIROSI）

1962年生于滋贺县/1980年毕业于滋贺县八幡工业高中建筑专业/2005年设立AKIMURA FIYING C建筑师事务所

铜屋顶楼梯空间　　　铜屋顶会议室。墙壁为灰浆涂刷

奈良国立博物馆奈良佛像展馆改建（项目详见第82页）

（项目详见第82页）

● 向导图登录新建筑在线
http://bit.ly/sk1701_map

所在地：奈良县奈良市登大路50号（奈良公园内）
主要用途：博物馆
所有人：独立行政法人国立文化财产机构 奈良博物馆

设计
建筑·监理：栗生明+栗生综合策划事务所
　负责人：栗生明　大野文也　北川典义
　　川村翔　上田一树
结构：中田捷夫研究室
　负责人：中田捷夫　中田滋之
设备：TECHNO KOEI
　负责人：佐佐木玉侧　长嶋裕司　藤井敏
　　上野兼吾
照明：灯工舍　藤原工

施工
建筑：奥村组
　负责人：铃木孝周　伊贺上丰　坂本优一
　　竹内成一郎　池田俊太郎　福田宗平
　　田家美纪男
空调：DAI-DAN CO., LTD.
　负责人：中岛岳彦
电力：KINDEN
　负责人：松岛史典

规模
用地面积：78 760 m²
建筑面积：1602 m²
改建使用面积：1366.09 m²
1层：1366.09 m²
层数：地上1层

尺寸
顶棚高度：6号房间：9100 mm ~ 9950 mm
百叶窗横梁跨度、间隙：14 560 mm　1500 mm

用地条件
地域地区：地下文化遗产埋藏区
　　第一类景观地区　春日山历史风土特别保存区

结构（新建墙壁·百叶窗）
主体结构：钢架结构　部分为木质结构
桩·基础：独立基础

设备
空调设备
空调方式：单风道空调方式
热源：壁挂式燃气采暖
电力设备
受电方式：原有室内箱式变压器低电压方式
供电方式：预备电源　原有应急发电机125 kVA
防灾设备
灭火：灭火器
其他：自动防火预警设备　应急广播设备　指示灯设备　应急照明设备

工期
设计期间：2014年3月~2015年7月
施工期间：2014年9月~2015年3月，2015年7月~2016年4月

内部装饰
展厅
地板：ASTROFACESOFT
墙壁：MARMORINO KS
展示柜：GLASBAUHAHN JAPAN

利用向导
开放时间：9:30~17:00（16:30停止入馆），特殊情况可延长。具体请参照官网主页等。
休息时间：星期一（节假日为平日休假后的第一天）、1月1号
门票：每人520日元（团体每人410日元），大学生每人260日元（大学生团体每人210日元）
电话：050-5542-8600

栗生明（KURIYU·AKIRA）
1947年生于千叶县/1973年修完早稻田大学研究生课程，毕业后任职于槙综合策划事务所/1979年创立KATORIE设计事务所并担任东京大学助教/1983年担任KATORIE设计事务所董事代表，并作为文化厅委任艺术家前往欧洲研习一年/1987年更名为栗生综合策划事务所/1996年担任千叶大学教授，并主管栗生综合策划事务所/目前担任栗生综合策划事务所董事长，同时担任千叶大学名誉教授

改建前景观。空间整体偏暗，展示台照明设备突出

芝浦社区建设中心（项目详见第96页）

（项目详见第96页）

● 向导图登录新建筑在线
http://bit.ly/sk1701_map

所在地：东京都港南3-3-27
主要用途：城市博物馆
主建方：E-SOHKO综合研究所
运营协作·特别赞助：东京仓库运输

设计
建筑·设备·监理：芝浦工业大学西泽大良研究室
　负责人：西泽大良
　基本设计助理：今城里菜　大部杏奈
　木滑绫奈　佐佐木祥吾　秦达也
　柳川庄子　汤浅亮　米田昂太郎
西泽大良建筑设计事务所
　负责人：前田文叶
结构：金箱结构设计事务所　负责人：金箱温春

施工
建筑：泰进建设＋八十堂
负责人：稻垣亨　吉川卓也（泰进建设）河口哲夫（八十堂）
施工协作：芝浦工业大学西泽大良研究室
负责人：今城里菜　大部杏奈　木滑绫奈
　佐佐木祥吾　秦达也　柳川庄子
　伊藤祐介　小泽拓梦　小松宽征
　荘司慎哉　杉山花梨　大坪元气
　小滨祐里子　小室周起　真田佳名子
　永岛明典　广川慎太郎　藤吉佑马

空调：大野SERVICE　负责人：椎名雄介
电力：东晃电机　负责人：间利子慎
家具：INOUE INDUSTRIES
　负责人：今村祐介
城市模型：芝浦工业大学西泽大良研究室
　负责人：今城里菜　大部杏奈
　木滑绫奈　佐佐木祥吾　秦达也
　柳川庄子　汤浅亮　米田昂太郎
　伊藤祐介　小泽拓梦　小野直辉
　荘司慎哉　杉山花梨　平野优太
　大坪元气　小滨祐里子　小室周起
　真田佳名子　永岛明典　广川慎太郎
　藤吉佑马

规模
用地面积：原有建筑：3306.6 m²
建筑面积：原有建筑：1869.62 m²
使用面积：改建建筑：82.0 m²
　　原有建筑：9915.12 m²
层数：改建部分：地上1层
　　原有建筑：地上6层＋屋顶1层
建蔽率：56.54%（容许值：60%）
容积率：299.85%（容许值：400%）

尺寸
层高：3250 mm
顶棚高度：2950 mm
主要跨度：7700 mm×6500 mm

用地条件
地域地区：工业地区　防火地区
道路宽度：东10 m　西15 m　北22 m

停车辆数：约20辆

结构
主体结构：改建部分：混凝土砌块结构
　　原有建筑：钢筋混凝土结构
桩·基础：原有建筑 PC桩

设备
空调设备
空调方式：独立空调方式
热源：热泵
电力设备
受电方式：普通分电器
设备容量：15 kVA
防灾设备
灭火：灭火器
其他：火灾自动报警设备

工期
设计期间：2015年8月~2016年1月
施工期间：2016年1月~2016年3月

内部装饰
地板：丰运 ABC商会
墙壁：S-BIC株式会社
顶棚：关西金属制作所

主要使用器械
屏幕：投影机

利用向导
开放时间：10:00~17:00
休息时间：星期日·节假日等
门票：免费（预约制）
网址：芝浦社区建设中心

http://nszwlabshibaura.wixsite.com/shibauracitymuseum
芝浦工业大学西泽大良研究室
http://nishizawalab2014.wixsite.com/nszw

西泽大良（NISHIZAWA·TAIRA）
1964年出生于东京都/1987年毕业于东京工业大学建筑系/1993年成立西泽大良建筑设计事务所/2013年起担任芝浦工业大学教授

春日大社国宝殿 （项目详见第88页）

（项目详见第88页）

● 向导图登录新建筑在线
http://bit.ly/sk1701_map

所在地：奈良县奈良市春日野町160
主要用途：美术馆
主建方：春日大社

设计
建筑：弥田俊男设计建筑事务所
负责人：弥田俊男
城田建筑设计事务所
负责人：城田全嗣　杉村道也　大西博
松尾敏行
结构：OHNO JAPAN
负责人：大野博史　大川诚治
设备：森村设计
负责人：袖川政宪　山村高宏　松井启
安　福本雅彦
照明：冈安泉照明设计事务所
负责人：冈安泉　杉尾笃
估算：佐佐木估算事务所　负责人：佐佐木纯
展览室"神域"设计：
弥田俊男设计建筑事务所
负责人：弥田俊男
Studio REGALO　负责人：尾崎文雄
冈安泉照明设计事务所
负责人：冈安泉
丹青社　负责人：松村磨
展览室"神域"影像制作
冈安泉照明设计事务所
负责人：冈安泉
摄影：福津宣人
音响：畑中正人
PICS　负责人：弓削淑隆　上野陆
展览室"神域"神木制作
京都社寺锷漆　负责人：治村嘉史
纺织设计：安东阳子设计
负责人：安东阳子
标识：suyama design　负责人：须山悠里
展览柜：KOKUYO　负责人：山内佳弘
家具：E&Y　负责人：松泽刚　秋本裕史

施工
建筑：大林组
负责人：户本保　是枝健太　上山卓也
前田辽太　桥田繁文
空调·卫生·电力：KINDEN
负责人：若村亮　上石圣也
展览柜：KOKUYO　负责人：山内佳弘
展览室"神域"内装修：丹青社
负责人：入江泰照　田原大辅
出入口处：飞鸟建设
负责人：佐野胜司
春日大杉加工·木制作：大西建筑
负责人：大西周司
钢架：片山铁工　负责人：须川辉之
钢架楼梯：横森制作室　负责人：西垒祐作
金属屋檐：井上定　负责人：山崎博
金属门窗·金属：BRANDOR
负责人：中村秀树　萩森一史
金属门窗：YKK AP　负责人：矶部文哉
金属门窗：文化SHUTTER　负责人：滨本祥吾
木质门窗·内装修：内外TECHONOS
负责人：大前雅宣　所雅之
内装修：SANYU　负责人：花田浩二
涂饰：竹林涂饰工业　负责人：井上克彦
瓦匠：ISURUGI　负责人：城元祐二
石头：矢桥大理石　负责人：三轮胜美
屏幕：SILENT GLISS
负责人：轴丸和崇
升降机设备：FUJITEC　负责人：长泽正史
标识：INFOTEC　负责人：多田秀德

规模
用地面积：928 134.00 m²
建筑面积：1222.09 m²
使用面积：1858.28 m²
1层：1031.30 m²　2层：826.98 m²

层数：地上2层
尺寸
最高高度：13 520 mm
房檐高度：11 396 mm
层高：1层 3500 mm
顶棚高度：大展览室 4500 mm~9000 mm
主要跨度：鼍大鼓大厅：
1600 mm × 16 750 mm
用地条件
地域地区：市区调整区域　春日山历史风土特
别保护区　春日山风景区
道路宽度：北12.0 m
停车辆数：160辆
结构
主体结构：新建部分：钢架结构　抗震改建部
分：钢筋混凝土结构
桩·基础：直接基础
设备
空调设备
空调方式：空冷热泵空调方式
热源：电力
卫生设备
供水：自来水管直接供水方式
热水：局部方式（电力）
排水：污水、杂排水合流方式
电力设备
受电方式：高压方式 室内受电方式
设备容量：1φ75 kVA　3φ150 kVA
预备电源：应急用发电机　60 kVA（排烟机用）
防灾设备
灭火：动力消防栓设备
排烟：机械排烟　自然排烟
其他：火灾自动报警设备　指示灯　应急照明
升降机：乘用电梯×1台
工期
设计期间：2014年5月~2015年5月
施工期间：2015年6月~2016年9月
外部装饰
房檐：GANTAN BEAUTY
外墙：SK-KAKEN
开口部位：BRANDOR　YKK AP　文化
SHUTTER
内部装饰
出入口大厅
地板：矢桥大理石
墙壁：AICA工业
关西PAINT
顶棚：BRANDOR
展览室"神域"
地板：矢桥大理石
墙壁：内外TECHONOS　关西PAINT
顶棚：BRANDOR
鼍大鼓大厅
地板：矢桥大理石
墙壁：安东阳子DESIGN AICA工业 关西
PAINT
顶棚：内外TECHONOS
收藏库
墙壁：太平洋MATERIAL
顶棚：大建工业
咖啡厅"鹿音"
地板：矢桥大理石
顶棚：SANGETSU
新建楼2层仓库
墙壁：SK-KAKEN
主要使用器械
照明：山田照明　森山产业

■春日大社景观修建（外部·院内卫生间·公交车站）
设计·监理
建筑：弥田俊男设计建筑事务所
负责人：弥田俊男
城田建筑设计事务所

负责人：城田全嗣　松尾敏行　武村修宏
结构：OHNO JAPAN
负责人：大野博史　中野胜仁
设备：森村设计
负责人：袖川政宪　山村高宏　松井启
安
施工
建筑：大林组
负责人：户本保　是枝健太　上山卓也
前田辽太
空调·卫生·电力：KINDEN
负责人：若村亮　上石圣也
外部：三和建设
负责人：松本善次　长野幸司　佐保垫
正资　上尾胜则
石头：Wiz　负责人：伏见千草
钢架：片山铁工　负责人：须川辉之
木：好生建设　负责人：辻谷晴行
金属屋檐：西山金属板工业所
负责人：西山胜美
金属门窗：文化SHUTTER
负责人：长野仁志
内装修：千龟利　负责人：田中纯
涂饰：竹林涂饰工业　负责人：井上克彦
规模
用地面积：928 134 m²
■院内卫生间
建筑面积：136.16 m²
使用面积：105.47 m²
■公交车站
建筑面积：8.64 m²
尺寸
院内卫生间：
最高高度：3580 mm
房檐高度：2250 mm
顶棚高度：2475 mm~3410 mm
主要跨度：6150 mm × 17 150 mm
结构
主体结构：院内卫生间：钢筋混凝土结构　部
分木结构
公交车站：钢架结构
桩·基础：直接基础
设备
卫生设备
供水：自来水管直接供水方式
排水：污水、杂排水合流方式
电力设备
受电方式：低压方式（来自国宝殿）
工期
设计期间：2015年4月~2016年3月
施工期间：2016年4月~2016年9月
外部装饰
■院内卫生间
外墙：SK-KAKEN
■内部装饰
院内卫生间
地板：Wiz
墙壁：AICA工业
主要使用器械
卫生器械：TOTO
利用向导
开放时间：10:00~17:00（16:30停止入馆）
休息时间：更换展览期间　国会期间无休（祭
祀活动期间临时闭馆）
门票：成人500日元　大学生·高中生300日
元　中小学生200日元　成人团体400
日元
电话：0742-22-7788

弥田俊男（YADA·TOSHIO）

1974年出生于爱知县/1996
年毕业于京都大学工学院建
筑专业/1998年修完京都大
学研究生院硕士课程/1998
年~2011年就职于隈研吾建
筑都市设计事务所/2011年成立弥田俊男设计
建筑事务所/现任冈山理科大学副教授

福冈市水上公园　SHIP'S GARDEN（项目详见第104页）

● 向导图登录新建筑在线
http://bit.ly/sk1701_map

所在地：福冈县福冈市中央区西中洲13-1
■整体监修
建筑・公园：松冈恭子
照明：松下美纪照明设计事务所
标识：AIM-CREATE

■SHIP'S GARDEN
主要用途：餐饮店
主建方：西日本铁道
设计
建筑・监理：SPINGLASS ARCHITECTS
　　负责人：松冈恭子　野畑拓臣
　　前川晴宗
　　RHYTHM DESIGN
　　负责人：井手健一郎　木内雄太*
　　design office TERMINAL
　　负责人：宗像友昭
结构：黑岩构造设计事务所
　　负责人：黑岩裕树　小柴摩记
　　黑岩HIROKO　羽月志穗*（*原职员）
设备：LB　负责人：大木直
　　古闲设计室　负责人：古闲一彻
施工
建筑：松本组
　　负责人：峰雅通　大下博幸　本袋昌弘
　　津岛团辉
空调・卫生：空研工业　负责人：青柳宏
电力：佐电工　负责人：南里一贵
音响：OTO-EIZO　负责人：井上启辅
规模
用地面积：1226.66 m²
建筑面积：371.25 m²
使用面积：626.17 m²
1层：350.64 m²　2层：275.53 m²
建蔽率：30.27%（容许值：90% 拐角地段放宽限制）
容积率：50.01%（容许值：400%）
层数：地上2层
尺寸
最高高度：9540 mm
顶棚高度：8880 mm
层高：1层：3300 mm　2层：平均3540 mm
主要跨度：5460 mm×5100 mm
用地条件

地域地区：城市公园内　商业地区
　　防火地区　停车场建设地区
　　城市景观形成地区　周边地铁地区
　　下水道处理区域内
道路宽度：南28.05 m
结构
主体结构：钢架结构
桩・基础：地基改良桩
设备
空调设备
空调方式：局部方式
热源：GHP＋EHP（局部）
卫生设备
供水：自来水管直接供水方式　加压供水方式
热水：局部方式
排水：污水、杂用水合流方式
电力设备
受电方式：低压受电方式
防灾设备
灭火：灭火器　火灾自动报警设备　感应灯
排烟：自然排烟
升降机：乘用电梯11人×1台
工期
设计期间：2015年6月~2015年11月
施工期间：2015年11月~2016年7月
外部装饰
房檐：REFOJOULE
外墙：CLION
开口部位：FUJISASH　MIZUTECH
主要使用器械
天台帐篷：太阳工业
照明：森山产业　山田照明 KKDC

卫生：TOTO
■水上公园
主要用途：公园
委托人：福冈市
设计
S&T环境设计研究所
　　负责人：德永哲*　井口直　上鹈濑菜月*
　　（*原职员）
施工
西铁GREEN土木
　　负责人：牟田英树　一濑宏二
　　高宫SAYAKA
照明
设计
松下美纪照明设计事务所
　　负责人：松下美纪　中村元彦
指示牌策划
AIM-CREATE　负责人：佐藤彻
HAKU　负责人：白壁麻央
画报设计
CHIENOWA DESIGN　负责人：中尾千绘
施工
SIGN DENSHOKU　负责人：盛山勇吉
利用向导
天台开放时间：6:00~24:00
店铺营业时间：各店铺不同
网址：http://suijo-park.jp/

松冈恭子（MATSUOKA・KYOKO）
1964年出生于福冈县/1987年毕业于九州大学工学院建筑专业/1990年修完东京都立大学硕士课程/1991年修完哥伦比亚大学硕士课程/2002年就职于SPINGLASS ARCHITECTS/2007年~2013年任东京电机大学未来科学部建筑学科教授/2014年~2016年任九州大学研究生院人类环境学府外聘讲师

井手健一郎（IDE・KENICHIRO）
1978年出生于福冈县/2000年毕业于福冈大学工学院建筑专业，之后赴欧/2001年~2002年就职于IMOTO ARCHITECTS/2003年~2004年就职于松冈祐作城市建筑计划事务所（现松冈祐作DESIGN OFFICE）/2004年成立RHYTHM DESIGN/2016年改组并法人化/2013年至今任福冈大学工学院建筑学科外聘讲师/2016年至今任九州产业大学工学院建筑学科外聘讲师

松下美纪（MATSUSHITA・MIKI）
1961年出生于熊本县/1989年成立松下美纪照明设计事务所/1997年~2008年任九州产业大学艺术学院外聘讲师/2000年~2011年任长崎综合科学大学工学院建筑学科客座教授/2002年至今任山口大学工学院理工学科研究科外聘讲师

休闲设施（SHIP'S GARDEN）2层的钢架结构

照片 摄影：SPINGLASS ARCHITECTS＋RHYTHM DESIGN

三角港通道顶棚（项目详见第114页）

● 向导图登录新建筑在线
http://bit.ly/sk1701_map

所在地：熊本县宇城市三角町三角浦
主要用途：通道顶棚
主建方：熊本县宇地区复兴局
设计・监督
建筑：NEY & PARTNERS JAPAN
　　负责人：渡边龙一
结构：Ney & Partners BXL
　　负责人：Laurent Ney Eric Bodawe
结构协作：OKU建造设计
　　负责人：新谷真人　佐尾敦宏
施工
大岛造船
　　负责人：生田泰清　古城朝和
　　古川圭介

规模
建筑面积：1000 m²
1层：1000 m²
层数：地上1层
尺寸
最高高度：4825 mm
房檐高度：4825 mm
层高：4825 mm
顶棚高度：4575 mm
主要跨度：7500 mm
用地条件
地域地区：城市规划区域外（确认区域）
结构
主体结构：钢筋混凝土结构
桩・基础：直接基础
工期
设计期间：2013年10月~2014年6月

施工期间：2015年7月~2016年3月
工程费用
建筑：280 000 000日元
总工费：280 000 000日元
外部装饰
顶棚：Japan carboline
支柱：日本铸造　OHARA
外表：东洋工业

渡边龙一（WATANABE・RYUICHI）
1976年出生于山梨县/1999年毕业于东北大学工学院建筑系/2001年修完同大学研究生院工学研究科城市建筑学硕士课程/2001年~2008年就职于Studio Han Design/2009年~2012年就职于Ney & Partners BXL/2012年成立NEY & PARTNERS JAPAN

船场中心大厦改建（项目详见第122页）

（项目详见第122页）

● 向导图登录新建筑在线
http://bit.ly/sk1701_map

所在地：大阪府大阪市中央区船场中央1～4
地区
主要用途：店铺　事务所　停车场
主建方：船场中心大厦区分责任者会
　　　　　大阪市开发公社管理部
设计
建筑：石本建筑事务所
　　总负责人：南隆
　　设计负责人：多田吉宏
　　结构负责人：石田昭浩　安部良治
　　设备负责人：柘植和人　泽村敏彦
监理：石本建筑事务所
　　负责人：南隆　多田吉宏
照明设计：PMC　负责人：小川雅司
混凝土设计（带花纹）
　Samuli Naamanka
　角度　负责人：田中龙太
施工
建筑：熊谷组　所长：远藤孝治
　　负责人：高桥秀治
　　岩本将平（K&E）
电力：东芝电梯
规模
建筑面积：31 248.35 m²
总面积：170 324.94 m²
店铺：51 045.77 m²

事务所：20 538.12 m²
公共部：59 036.16 m²
机械室：23 436.04 m²
层数：地下2层　地上4层　楼顶1层
尺寸
最高高度：17 850 mm
房檐高度：17 850 mm
层高：店铺　3900 mm
顶棚高度：店铺　2800 mm
主要跨度：7000 mm × 6800 mm
用地条件
地域地区：商业地域　防火地域
道路宽度：东12 m　西12 m
　　　　　南17 m　北17 m
停车辆数：450辆
结构
主体结构：钢筋混凝土结构　部分钢筋结构
　　　　　钢筋混凝土结构
桩·基础：桩基础
工期
设计期间：2010年6月~2013年3月
施工期间：2013年4月~2015年9月
工程费用
总工费：19亿2500万日元
外部装饰
外墙：GRC　ASAHI BUILDING-WALL
　　　大日本印刷　系统建材
涂饰：AICA　Hamacast
开口部：三协立山 ARUM材

利用向导
开放时间：9:00～18:00
休息时间：周日
电话：06-6281-4500

多田吉宏（TADA·YOSHIHIRO）
1978年出生于山形县/2003年修完日本大学大学院理工学研究科建筑学专业博士前期课程之后，进入石本建筑事务所/现就职于大阪分公司

施工时的景象。去除管道保护层，露出水管。水管由突出墙体600 mm的铝板与1层的露台遮挡

清水建筑　创意研修中心（项目详见第128页）

（项目详见第128页）

● 向导图登录新建筑在线
http://bit.ly/sk1701_map

所在地：东京都江东区木场2-15-3
主要用途：研修场所
主建方：清水建筑
设计
清水建筑
　建筑负责人：伊藤智树　大桥一智
　朴敬熙
　结构负责人：小前健太郎　坂口和大
　空调·卫生设备负责人：内山明彦
　户田芳信　大多和真
　电气设备负责人：丹羽健二　涩谷明广
　宫本和明
　外部装饰设计协助：片山笃　兼光知己
　佐川隆之
　模型负责人：石川哲朗
　细川洋一·坂牧大祐

布局协助：Field Four Design Office
负责人：渡边高史
施工
建筑：清水建筑
　　建筑负责人：渡边弘幸　森田刚史
　　藤泽伸浩
设备负责人：国谷大辅　国松博明
空调·卫生·电气：第一设备工业
规模
用地面积：1325.01 m²
建筑面积：704.92 m²
使用面积：940.53 m²
1层：704.92 m²　2层：235.61 m²
建蔽率：53.21%（容许值：60%）
容积率：70.99%（容许值：300%）
层数：地上2层
尺寸
最高高度：9706 mm
房檐高度：9218 mm

层高：自习室·讲课教室：4500 mm
顶棚高度：研修室：8550 mm
　　　　　自习室：3000 mm
　　　　　授课教室：2700 mm
主要跨度：2400 mm × 14400 mm
用地条件
地域地区：工业地区　防火地区
道路宽度：东8.0 m
结构
主体结构：钢筋骨架
桩·基础：直接基础
设备
环境保护技术
空调方式：中央空调
热源：电力
卫生设备
供水：自来水管直接供水方式
热水：独立供水方式
排水：合流式排水

电气设备
受电方式：高压1回线网点方式（商业用电）
设备容量：200 KVA
额定电力：实量制
预备电源：无
防灾设备
防火：自动火灾报警设备　应急照明
　　　指示灯
灭火：消防设备
工期
设计期间：2015年4月~12月
施工期间：2016年1月~10月

组合式幕墙。包括支架在内，在现场完全不需要焊接，安装十分简单

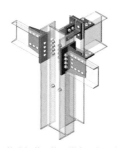

柱头细节。柱子拼在一起，由H形钢构成。梁是将原有钢材剪切，并通过螺栓连接

大桥一智（OOHASHI·KAZUTOMO）
1973年出生于岐阜县/1997年毕业于东京大学工学院建筑专业/1999年修完同大学建筑学研究生课程后，进入清水建设工作/现任公司总部生产·研究设施设计部设计长

白河数据中心（项目详见第136页）

所在地：福岛县白河市
主要用途：数据中心
主建方：YAFUU IDC FURONNTEXIA

设计

日本设计：
  建筑负责人：岩桥祐之 山本笃子
  斋藤万里子 大山美衣
  结构负责人：相京正巳 杉浦良和
  设备负责人：栒木学 田村优佳
  监理负责人：高木昭博 河口英司

施工
建筑：清水建设 负责人：中山茂
空调·卫生：新菱冷热工业
电力：MONNDENN
发电机：川崎重工业
UPS（不间断热源）：千代田三菱电气机器贩卖

规模
用地面积：25 359.54 m²
建筑面积：5212.76 m²
使用面积：14 731.91 m²
1层：4795 m² 2层：4550 m²
建蔽率：20%（容许值：60%）
容积率：54%（容许值：200%）
层数：地上4层

尺寸
最高高度：29 340 mm
层高：5000 mm

用地条件
地域地区：工业地区
道路宽度：北14 m
停车辆数：24辆

结构
主体结构：钢架结构
桩·基础：预制桩

设备

环保技术
烟囱：屋顶：水平防水百叶窗
      侧面：立式防水百叶窗
PUE1.2

空调设备
空调方式：冷却外部空气·墙壁导入式空调方式
热源：电动涡轮冷冻机+冷水储备槽

卫生设备
供水：工业用水 加压供水方式
热水：局部供给方式（电热水器）
排水：污水、杂排水合流净化槽方式

电力设备
供电方式：66kV 主线 备用线2回线受电方式
设备容量：4000 kW
预备电源：应急发电机 4500 kVA×2台
         UPS 500kVA×8台×4套

防火设备
灭火：室内消防栓 室外消防栓 氮气灭火设

备
排烟：自然排烟 部分机器排烟
其他：自动火灾报警设备 高灵敏烟感设备
升降机：2台

工期
设计期间：2010年7月~2010年12月
施工期间：2011年9月~2013年9月

岩桥祐之（IWAHASHI·YUJI）
1962年出生于大阪府/1986年毕业于早稻田大学理工部建筑科/1996年修完曼彻斯特大学研究生院硕士课程/1998年就职于日本设计/2006年~2009年加入伦敦理查德·罗杰斯事务所/2010年至今担任日本设计领头建筑师

山本笃子（YAMAMOTO·ATSUKO）
1971年出生于福井县/1994年从东海大学工学部建筑科毕业后加入日本设计公司/2015年至今担任日本设计领头设计师

六本木三丁目东地区城市区域再开发项目

住友不动产六本木大型塔式办公楼·六本木大型塔式公寓·六本木大型公共广场（项目详见第142页）

● 向导图登录新建筑在线
http://bit.ly/sk1701_map

所在地：东京都港区六本木3-1，2
主要用途：事务所 共同住宅 店铺 汽车车库 其他
主建方：六本木三丁目东地区城市区域再开发小组

设计
总监修·外观设计监修：住友不动产
城市规划·设计：日建设计
  归纳总括：山梨知彦
  建筑负责人：杉山俊一 实藤清张
  小界一树 板上敏启 小泽淳弥
  须之内圣 樱井典雄 谷内启太郎
  田坂绫子 高冈尚史 伊庭野大辅
  后藤崇夫 广重拓司 伊藤辉夫
  大野木SHINOBU 井上泰介 铃木丰一郎
  三轮田真人 石田纯（NCM） 并木健（NHS）
  项目开发负责人：长井健治
  能田悟 西田佳祐 中嶋香织 山本命
  那须润一 村松健儿*
  构造负责人：小板桥裕一 朝川刚
  中沟大机 田中佑树 柳原雅直
  高田好秀
  电力负责人：岸克巳 原耕一朗 水谷周
  秋元和纪 室桥浩之（NHS） 西冈泰朗（NCM）
  空调·卫生负责人：堀川晋 铃木聪
  关悠平 中村祐介（NHS）
  工程事务负责人：小路直彦 笛田一义
  宫本知和 土肥哲生鬼 头基裕
  秋山春雄 若槻佳宏
  土木负责人：藤原克光（NSC）
  景观负责人：根本哲夫
  伊藤早介 西大辅 相泽惠美
  音响负责人：司马义英 青木亚美

  环境设计负责人：永濑修
  广告策划负责人：原田光美
  右左见拓人* 小仓琢哉
  长桥孝一 角田大辅 穗积雄平
  滨野智明 佐佐木大辅 佐藤恒
  田中雅广 中村裕子
  监理建筑负责人：百濑渡 三好信治
  田中政治 宅野敏博 坂上敏启
  松岛隆祥（NHS） 加治弘吉*（NHS）
  监理设备负责人：百濑渡 竹内康
  绳田龙一 有田恒之 宫川典雄*（*原职员）
  关悠平 西田幸司 高草木充（NHS）
  CR负责人：浅野永嗣
  公共住宅室内设计负责人：
  伊豆省洋（NSD）
  东京电视台·BS日本总公司负责人：
  杉山俊一 犬竹功 森雅博 甚内有纪 青木亚美 中川滋 秋元和纪

施工
建筑：大成·大林建设企业联营体
负责人：甲斐中正司（大成建设）

规模
■南街区
用地面积：17 371.73 m²
建筑面积：9934.40 m²
使用面积：207 744.35 m²
地下1层：5967.98 m²
1层：6509.18 m² 2层：1212.10 m²
顶层：271.50 m²
标准层：4967.19 m²
建蔽率：57.19%（容许值：70.00%）
容积率：959.69%（容许值：960.00%）
层数：地下5层 地上40层 楼顶2层

■北街区
用地面积：1831.97 m²
建筑面积：1209.23 m²
使用面积：2749.21 m²
地下1层：927.07 m²

1层：909.21 m² 2层：753.45 m²
顶层：271.50 m²
标准层：4967.19 m²
建蔽率：66.01%（容许值：80.00%）
容积率：99.96%（容许值：100.00%）
层数：地下1层 地上3层 楼顶2层

尺寸
■南街区
最高高度：230 760 mm
房檐高度：206 310 mm
层高：办公室：4600 mm
顶棚高度：办公室：3000 mm
主要跨度：7200 mm × 17 500 mm
■北街区
最高高度：19 950 mm
房檐高度：19 700 mm
层高：2层店铺：4950 mm
顶棚高度：店铺（预计）：2800 mm
主要跨度：7200 mm × 10 000 mm

用地条件
■南街区
地域地区：防火地区 第二种居住地区
商业地区：六本木三丁目东地区地区规划
道路宽度：东43 m~53 m 西12 m
         南12 m 北7 m
停车辆数：354辆
■北街区
地域地区：防火地区 商业地区
六本木三丁目东地区地区规划
道路宽度：西12 m 南7 m 北47 m~49 m
停车辆数：5辆

结构
■住友不动产六本木大型塔式办公楼
主体结构：钢架结构 部分钢筋钢架混凝土结构 钢筋混凝土结构
桩·基础：直接基础
■六本木大型塔式公寓
主体结构：钢筋混凝土结构
桩·基础：现场打桩

■六本木大型公共广场
主体结构：钢筋混凝土结构 部分钢架钢筋混凝土结构
桩·基础：直接基础

设备
■住友不动产六本木大型塔式办公楼
空调设备
空调方式：事务所：水热源包装方式（部分空冷包装） 重要储藏室：空冷热泵包装方式
热源：变频排气涡轮冷冻机+空冷热泵冷却装置+GHP冷却装置（底层中心热源）

卫生设备
供水：加压供水方式+重力方式/饮用水杂用水系统供水（杂用水原水：雨水、过滤排水、上水）方式
热水：独立供热水（电力）方式
排水：建筑内：污水、杂排水合流方式 用地内：污水、雨水分流排水

电力设备
受电方式：特别高压66 kV主线 预备线受电
设备容量：25 MVA×2台
预备电源：应急室内发电机 燃气轮机发电机 3500 kVA×2台（双重燃料发电机）

防灾设备
防火：自动洒水灭火装置 放水型灭火装置 开放型灭火装置 干式预备灭火装置 屋内消防栓 连接送水管设备 闭锁型水喷雾灭火器 惰性气体灭火器（IG-541聚四氟乙烯） 消防用水 移动式粉末
灭火：灭火器 大型灭火设备
排烟：机器排烟 自然排烟
其他：自动火灾报警器 应急照明 应急广播 指示灯 应急插排 应急电话 避雷设备 无线通信辅助设备

升降机：乘用电梯×42台 应急电梯×2台 载货电梯×3台 自动扶梯×8台

特殊设备：挖井设备 灭菌设备

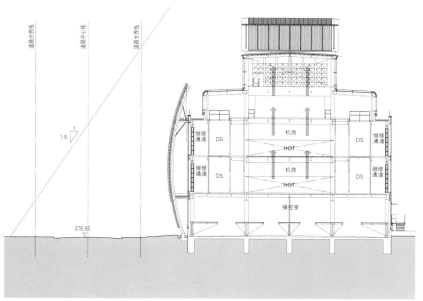

剖面图（热通道）　比例尺 1:500

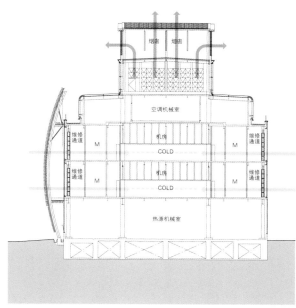

剖面图（冷通道）

■六本木大型塔式公寓
空调设备
空调方式：空冷热泵空调方式
卫生设备
供水：加压供水方式　饮用水系统供水
热水：独立供热水方式（住户内：天然气，公共部分：电力）
排水：建筑内：污水、杂排水合流方式　用地内：污水、雨水分流方式
电力设备
受电方式：住户私人部分低压受电　公共部分高压6kVA　1回线受电方式
设备容量：1575kVA
预备电源：应急室内发电机　内燃发电机
　　　　　625kVA×1台
防灾设备
防火：湿式灭火器　屋内消防栓　连接送水管　惰性气体灭火器（IG-541 聚四氟乙烯）
排烟：机器排烟
其他：自动火灾报警器　应急照明　应急广播　指示灯　应急插排　应急电话　避雷设备
升降机：乘用电梯×4台　应急电梯×1台　载货扶梯×1台
特殊设备：垃圾处理设备　TES设备
■六本木大型公共广场
空调设备
空调方式：空冷热泵空调
卫生设备
供水：自来水管直接供水方式
热水：独立供热水方式（电力）
排水：建筑内：污水、杂排水合流方式　用地内：污水、雨水分流方式
电力设备
受电方式：6kVA　1回线受电方式
设备容量：1130kVA
预备电源：应急室内发电机　内燃发电机
　　　　　200 kVA×1台

防灾设备
防火：湿式灭火器　屋内消防栓
排烟：机器排烟
其他：自动火灾报警器　应急照明　应急广播　指示灯　避雷设备
升降机：乘用电梯×1台　载货扶梯×2台　自动扶梯×4台
工期
设计期间：2007年8月~2013年6月
施工期间：2013年6月~2016年10月

山梨知彦（YAMANASHI·TOMOHIKO）
1960年出生于神奈川县/1984年毕业于东京艺术大学建筑科/1986年修完东京大学硕士课程，就职于日建设计/现任公司常务执行、设计部门副总监

杉山俊一（SUGIYAMA·SYUNICHI）
1966年出生于埼玉县/1990年毕业于东京工业大学工学部建筑科/1992年修完同大学硕士课程，就职于日建设计/现任公司设计部门设计部长

实藤清张（SANETO·KIYOHARU）
1962年出生于大阪府/1986年毕业于京都工艺纤维大学工艺学部建筑科/1991年就职于日建设计/现任公司设计部门设计长

小界一树（KOZAKAI·KAZUKI）
1980年出生于新潟县/2002年毕业于长冈造型大学造型学部环境设计科/2007年就职于日建设计/现任设计部门设计主管

六本木大街一带看向六本木大型公共广场视角

东京星野屋（项目详见第152页）

● 向导图登录新建筑在线
http://bit.ly/sk1701_map

所在地：东京都千代田区大手町1–9–1
主要用途：酒店
所有人：三菱地所（再开发实施方）

设计
三菱地所设计
　　总负责人：近藤正
　　项目负责人：石田雅大　松本勇一
　　　　本田辉明　宿利隆
　　城市规划负责人：米泽秀明　镰形敬人
　　今野和仁　藤本怜佑
　　空调卫生设备负责人：前田英邦
　　电力负责人：岩井厚
　　景观负责人：塚本敦彦
　　津久井敦士　荻原麻衣子
　　监理负责人：仲条有二　木村直
NTT设施设计
　　总负责人：榎木靖伦
　　构造负责人：横田和伸　林政辉
　　中川明德
　　监理负责人：佐伯圭彦　安斋辉彦
东环境建筑研究所（旅馆设计·室内设计监理·外部设计协助）
　　负责人：东利惠　斯波薰
　　佐佐木达郎*（*原职员）　岩崎溪太
　　冈衫香　木村亮太　山田美贵
照明负责人：ICE城市环境照明研究所

负责人：武石正宣　水谷纯
施工
建筑：户田建设　负责人：大谷清介
空调：高砂热学工业　负责人：福岛进
卫生：斋久工业　负责人：阿部贵司
电力：YUATEKKU　负责人：渡边利博
规模
用地面积：1334.64 m²
建筑面积：742.49 m²
使用面积：13 958.29 m²
地下1层：919.86 m²　1层：528.94 m²
2层：667.53 m²　标准层：640.61 m²
建蔽率：55.63%（容许值：70%）
容积率：985.41%（容许值：1650%）
层数：地下3层　地上18层　屋顶：1层
尺寸
最高高度：87 970 mm
房檐高度：79 020 mm
层高：客房：3650 mm
顶棚高度：客房：2900 mm
主要跨度：6050 mm×6500 mm
用地条件
地域地区：商业地区　防火地区　都市再生特别地区
道路宽度：西36 m　南14 m　北12 m（步行专用通道）（全部街区）
停车辆数：326辆（全部街区）
结构
主体结构：钢筋混凝土结构　钢架钢筋混凝土

结构
桩·基础：直接基础
设备
环保技术
PAL278.1 ERR42.8
空调设备
空调方式：外部空气处理+隐蔽性FCU方式（4管式）
热源：地区冷暖气计划获取冷水、温水
卫生设备
供水：高架水槽方式+加压供水泵方式
热水：中央供热方式
排水：单管式排水系统
电力设备
供电：办公大楼设有特别高压变电所　住宿设施楼顶设有辅助变电所
预备电源：办公大楼设有应急发电机以供停电时使用
防灾设备
防火：连接送水管　自动洒水灭火装置　室内防火设备　惰性气体防火设备
排烟：机械排烟　部分压出式机械排烟（第2种排烟方式）
升降机：客用15人×2台　应急20人×1台　地下室联络用13人×1台
工期
设计期间：2012年1月~2013年6月
施工期间：2014年4月~2016年4月
利用向导

电话：0570–73–066（星野屋预约）
网址：http://hoshinoyatokyo.com/

清水聪〔SHIMIZU·SATOSHI〕
1964年出生于群马县/1991年修完横滨国立大学研究生院硕士课程并就职于三菱地所/2001年至今担任三菱地所设计/现任三菱地所建筑设计二部部长

东利惠〔AZUMA·RIE〕
1959年出生于大阪府/1982年毕业于日本女子大学家政学部居住科/1984年修完东京大学研究生院工学研究科建筑学专业硕士课程/1986年修完康奈尔大学建筑科硕士课程/1986年至今担任东环境建筑研究所董事长/现担任日本女子大学、日本大学客座讲师

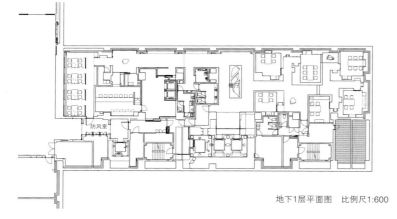
地下1层平面图　比例尺1:600

地下1层，餐厅入口

客席

上：豪华间/下：榻榻米走廊。地板材料加入合成树脂以增强耐久性

小见山阳介（KOMIYAMA·YOSUKE）

1982年出生于群马县/2005年毕业于东京大学工学部建筑科/2005年~2006年留学于慕尼黑工科大学/2007年毕业于东京大学研究生院/2007年~2014年就职于EMUROODO环境造型研究所/2015年至今担任前桥工科大学客座讲师、东京大学T_ADS Technical Assistant/现东京大学研究生院博士后期在读

高岛宗一郎（TAKASHIMA·SOICHIRO）

1974年出生于大分县/1997年加入KBC九州朝日广播电台/2010年，36岁出任福冈市市长/2014年再度参选市长

当麻茂尚（TOMA·SHIGEHISA）

1951年出生于神奈川县/1974年毕业于京都工艺纤维大学建筑工艺科，之后就职于清水建设，隶属于设计总部/担任过设计总部重点建筑师，现任产品制造研究中心校长

Christian Schittich

1956年出生于德国/于慕尼黑工科大学学习建筑，后进行各种设计立志成为建筑师/1991年~1998年担任《细部》杂志责任编辑/1998年~2006年担任总编辑/现参与多部书籍的编写及编辑并将其翻译成多国语言

石渡广一（ISHIWATARI·HIROKASU）

1955年出生于东京/1979年毕业于东京工业大学建筑科/1981年毕业于东京工业大学研究生院/1981年就职于日本住宅工团（现UR城市机构）/2010年至今担任UR都市机构总社社区再生部部长/2012年至今担任东日本都市再生总部部长/2014年至今担任同社理事长/2015年至今同社担任理事长代理/2016年至今担任同社副理事长

干久美子（INUI·KUMIKO）

1969年出生于大阪/1992年毕业于东京艺术大学美术部建筑科/1996年毕业于耶鲁大学研究生院建筑部/1996年~2000年就职于青木淳建筑设计事务所/2011年~2016年担任东京艺术大学美术学部建筑科副教授/现任横滨国立大学研究生院Y-GSA教授

藤原彻平（FUJIWARA·TEPPEI）

1975年出生于神奈川县/1998年毕业于横滨国立大学研究生院/2001年~2012年就职于隈研吾建筑都市设计事务所/2009年至今担任藤原彻平建筑实验室室长/2010年至今担任NPO法人、流浪者国际理事/2012年至今担任横滨国立大学研究生院Y-GSA副教授

浅子佳英（ASAKO·YOSHIHIDE）

1972年出生于兵库县/1995年毕业于大阪工业大学工学部建筑科/2007年设立高番工作室/2009年~2012年就职于GENNRONN出版社/现任日本大学客座讲师

立足本土 放眼世界
Focusing on the Local, Keeping in View the World

《景观设计》2018
征订全面启动

Subscription
of *2018*
Starts Now

订阅

邮局征订：邮发代号 8-94
邮购部订阅电话：0411-84708943

单本定价**88**元/期， 全年订阅**528**元/年

大连市高新技术产业园区软件园路 80 号理工科技园 B 座 1104 室，邮编：116023
电话：0411 - 8470 9075　　　传真：0411 - 8470 9035　　　E-mail：landscape@dutp.cn